Développement d'un module de calibration embarqué

Rihab Belaid Askri

Développement d'un module de calibration embarqué

Avec PIC 32

Presses Académiques Francophones

Impressum / Mentions légales

Bibliografische Information der Deutschen Nationalbibliothek: Die Deutsche Nationalbibliothek verzeichnet diese Publikation in der Deutschen Nationalbibliografie; detaillierte bibliografische Daten sind im Internet über http://dnb.d-nb.de abrufbar.

Alle in diesem Buch genannten Marken und Produktnamen unterliegen warenzeichen-, marken- oder patentrechtlichem Schutz bzw. sind Warenzeichen oder eingetragene Warenzeichen der jeweiligen Inhaber. Die Wiedergabe von Marken, Produktnamen, Gebrauchsnamen, Handelsnamen, Warenbezeichnungen u.s.w. in diesem Werk berechtigt auch ohne besondere Kennzeichnung nicht zu der Annahme, dass solche Namen im Sinne der Warenzeichen- und Markenschutzgesetzgebung als frei zu betrachten wären und daher von jedermann benutzt werden dürften.

Information bibliographique publiée par la Deutsche Nationalbibliothek: La Deutsche Nationalbibliothek inscrit cette publication à la Deutsche Nationalbibliografie; des données bibliographiques détaillées sont disponibles sur internet à l'adresse http://dnb.d-nb.de.

Toutes marques et noms de produits mentionnés dans ce livre demeurent sous la protection des marques, des marques déposées et des brevets, et sont des marques ou des marques déposées de leurs détenteurs respectifs. L'utilisation des marques, noms de produits, noms communs, noms commerciaux, descriptions de produits, etc, même sans qu'ils soient mentionnés de façon particulière dans ce livre ne signifie en aucune façon que ces noms peuvent être utilisés sans restriction à l'égard de la législation pour la protection des marques et des marques déposées et pourraient donc être utilisés par quiconque.

Coverbild / Photo de couverture: www.ingimage.com

Verlag / Editeur:
Presses Académiques Francophones
ist ein Imprint der / est une marque déposée de
OmniScriptum GmbH & Co. KG
Heinrich-Böcking-Str. 6-8, 66121 Saarbrücken, Deutschland / Allemagne
Email: info@presses-academiques.com

Herstellung: siehe letzte Seite /
Impression: voir la dernière page
ISBN: 978-3-8416-2984-5

Université de Monastir
Ecole Nationale d'Ingénieurs de Monastir
Année Universitaire:2010/2011

MEMOIRE DE PROJET DE FIN D'ETUDES

PRESENTE POUR OBTENIR LE TITRE:

DIPLÔME NATIONAL D'INGENIEUR

Spécialité : GENIE *ELECTRIQUE*

Par

BELAID_ASKRI   RIHAB
Née le:26/10/1987

Développement d'un module de calibration embarqué

Présenté et soutenu le, 05/07/2011 devant le jury d'examen:

Mr Taoufik FILALI	Président
Mr Taoufik LADHARI	Membre
Mr Anis SAKLY	Encadreur
Mr Seifallah LEJRI	Invité

N° 3400

Dédicaces

Au symbole de douceur, de tendresse, d'amour et affection, et grâce au sens de devoir et aux sacrifices immenses qu'elle a consentis: ma très chère mère j'ai pu arriver à réaliser ce travail.

A ce qui m'a été toujours les garants d'une existence paisible et d'un avenir radieux : ma sœur Mariem et mes frères Mohamed et Wajdi.

A tous ceux qui sont toujours dans mes pensées.

A ceux qui m'ont aidé, encouragé, apprécié mon effort et crée le milieu favorable, l'ambiance joyeuse et l'atmosphère joviale pour me procurer ce travail : mes chers amis.

Je dédie ce modeste mémoire

Belaid Askri rihab

Remerciements

Au terme de ce modeste travail, je tiens à présenter mes vifs remerciements à mon encadreur **Mr. SAKLY Anis** qui, avec un grand dévouement, a consacré son temps à suivre l'évolution de ce projet. J'ai pour vous le respect qu'impose votre mérite et vos qualités humaines aussi bien que professionnelles.

J'exprime mes gratitudes les plus profondes à Monsieur **LACHIHEB Walid,** chef des projets industriel à SAGEMCOM Tunisie, qui m'a accepté en tant que stagiaire pour élaborer mon projet de fin d'études.

Je tiens aussi à exprimer mes sentiments de gratitude à mon encadreur Mr. **LEJRI Seifallah** chef de pole logiciel à SAGEMCOM pour son aide et ses conseils judicieux tout au long de période de projet de fin d'études.

Je tiens aussi à présenter mes remerciements les plus sincères à tous ceux qui ont contribués de près à l'élaboration et au succès de ce travail et exclusivement **Mr. RHIMI Aymen** et **Mr. AYARI Walid** ingénieurs développement à SAGEMCOM.

Mes plus vifs remerciements aussi à **Mr. FILALI Taoufik** pour l'honneur qu'il m'a fait en acceptant de présider le jury de soutenance.

Je tiens également à exprimer mes sincères remerciements et ma respectueuse gratitude à **Mr. LADHARI Taoufik** d'avoir accepté de participer à ce jury.

Enfin, je n'oublie pas de remercier tous les enseignants qui ont participé à notre formation d'ingénieur durant toutes les années d'études à l'ENIM

Sommaire

Liste des figures

Liste des Tableaux

Introduction générale

Introduction générale

Le compteur électrique est avant tout un instrument métrologique servant à mesurer la quantité d'énergie électrique consommée, et étant utilisé par les fournisseurs d'électricité afin de facturer cette consommation, il semble indispensable d'en vérifier la précision au cours du temps.

Pour assurer l'exactitude, la justesse et la fidélité des compteurs d'électricité et gagner la confiance des consommateurs, on a besoin d'être sûr que nos résultats documentés sont corrects, précis et valides. L'étalonnage ou bien la calibration accroît la précision de nos mesures et garantit que notre équipement est en phase avec nos spécifications.

L'entreprise SAGEMCOM a adopté une stratégie qui consiste à produire ses propres outils de commande et de calibration. L'opération de calibration qui est en faite une application informatique consiste à fabriquer des compteurs réglés suivant une spécification demandée par les clients.

L'évolution du monde informatique a donné naissance à un processus qui consiste à bâtir des applications informatiques. A partir d'un cahier des charges, le développement logiciel comprend l'ensemble des étapes et des processus qui permettent de passer de l'expression d'un besoin à un logiciel fonctionnel et fiable parfaitement adapté aux besoins de l'entreprise.

Certaines applications informatique sont de plus en plus complexes et sont souvent soumis à de fortes contraintes, leur conception et leur programmation posent donc un certain nombre de problèmes. C'est pourquoi les unités de recherche et développement sont toujours en quête de nouvelles solutions pour l'optimisation de développement logiciel.

Les progrès techniques de ces dernières années ont permis de faciliter l'utilisation des systèmes à microprocesseurs et leur donnent une importance croissante. Il s'agit des systèmes embarqués qui intègrent à la fois le logiciel et le matériel. Ces systèmes font aujourd'hui partie intégrante de notre vie et tendent à se généraliser à tous les domaines. Ils offrent plusieurs avantages de point de vue fiabilité, performance, coût et surtout temps de production. Le système embarqué devient le plus favorable puisque il présente l'avantage d'être plus petit, plus puissant et moins cher.

Alors vu les circonstances citées précédemment et vu que la puissance de traitement s'accroit en conséquence de l'évolution des systèmes embarquées, la société SAGEMCOM a essayée de trouver une solution qui permet d'améliorer ses outils de production et de tests en particulier d'améliore l'opération de calibration afin de minimiser les inconvénients de perte de temps et donc de coût et d'optimiser surtout la communication point par point RS232. C'est dans ce contexte que s'intègre l'idée de notre projet de fin d'étude qui s'intitule **"développement d'un module de calibration embarqué"**.

Le présent document est articulé autour de cinq chapitres :

Dans le premier chapitre, nous donnerons un aperçu général sur les activités de SAGEMCOM ainsi que l'unité de fabrication des compteurs. Ensuite, nous étudierons la problématique de l'application de calibration en analysant les différentes exigences du cahier des charges.

Le deuxième chapitre sera consacré à étudier la version actuelle de l'application de la calibration ainsi que la solution retenue la plus adéquate qui répond aux exigences de notre cahier de charge.

On étudiera dans le troisième chapitre les microcontrôleurs, la nouvelle famille PIC32 de Microchip et plus précisément le PIC32MX795F512L qu'on va exploiter.

On va présenter dans le quatrième chapitre la modélisation logicielle de notre application de calibration.

Le cinquième, dernier chapitre, sera destiné pour l'étude de l'environnement de développement et la réalisation pratique.

Chapitre I :
Présentation de l'entreprise et de la problématique du système de calibration

Chapitre I : Présentation de l'entreprise et de problématique du système de calibration

I.1. Introduction

Dans ce chapitre, nous allons présenter en premier lieu l'entreprise d'accueil SAGEMCOM, ses services ainsi que ses diverses unités de fabrication, en particulier, l'unité de fabrication des Terminaux de Maîtrise d'Energie (UFTME) où se déroule notre projet. Il finit par une description de la problématique, du cahier de charges et du travail demandé l'objet du projet de fin d'études.

I.2. Présentation de la société SAGEMCOM

SAGEMCOM est l'une des grandes entreprises Françaises présentes dans le secteur des télécommunications et de l'électronique de défense et de sécurité. Elle est implantée dans plus de 30 pays et emploie plus que 72000 personnes.

SAGEMCOM Tunisie est une société SARL dont la capitale est de 222.461MD, crée en décembre 2002. Elle est implantée dans la banlieue Sud de Tunis (Ben Arous). Elle est totalement exportatrice. Elle fabrique des cartes électriques pour les grandes marques de l'électroménager, des compteurs électriques, des terminaux de paiement, des décodeurs numériques terrestres et par satellite et des passerelles résidentielles hauts débits Sur les marchés de l'énergie (Europe, Maghreb), SAGEMCOM occupe les positions clefs des cadres photo numériques (Europe), de la fibre optique (Afrique).

I.2.1. Présentation des différents services de SAGEMCOM

Les différents services de SAGEMCOM Tunisie sont :

- **Le service qualité et environnement** : qui a pour mission le management de la qualité et de l'environnement.
- **Le service achat :** qui assure les achats des divers besoins des services de toutes les entités de SAGEMCOM Tunisie.
- **Le service industriel :** qui a pour mission la maintenance des outils de production ainsi que la maintenance et l'entretien des bâtiments.

- **Le service méthode et procédés :** qui a pour rôle la maîtrise des procédés spéciaux de fabrication et la contribution à l'amélioration de l'industrialisation des produits, ainsi que la proposition d'axes d'amélioration de la qualité et de la productivité.
- **Le service ressources humaines :** qui s'occupe des recrutements, de la paie, de la gestion administrative et de la médecine de travail.
- **Le service formation :** qui assure l'intégration des nouveaux embauchés ainsi que la planification, la réalisation et le suivi des formations.
- **Le service industrialisation :** qui a comme mission le développement des moyens de test notamment les testeurs fonctionnels.

I.2.2. Produits et unités de fabrication

Les activités de SAGEMCOM Tunisie sont regroupées en deux sites de fabrication : Chaque site de fabrication contient quatre Unités de Fabrication (UF) qui assurent la production de cartes et de terminaux électroniques et de consommables Fax.

Comme l'indique la figure I.1, SAGEMCOM Tunisie réalise principalement cinq activités correspondant à 8 unités de fabrication:

- ◆ L'UF Partenariats Industriels qui réalise des cartes électroniques.
- ◆ L'UF Partenariats Electroménagers qui réalise des cartes électroniques et des constituants de produits électroménagers.
- ◆ L'UF Monétique qui assure la réalisation de terminaux de paiement.
- ◆ L'UF Compteurs assure la réalisation de terminaux de comptage (compteurs électriques).
- ◆ L'UF RGW qui produit des passerelles résidentielles à interface ADSL à haut débit permettant d'accéder simultanément à des services dits "Triple Play".
- ◆ L'UF Consommables qui assure l'assemblage de rouleaux consommables pour les fax.
- ◆ L'UF Décodeur qui assure la réalisation des cartes électroniques dédiées aux décodeurs.
- ◆ L'UF Fast qui assure la réalisation des cartes électroniques pour les modems et les routeurs.

Figure I.1 : Présentation des activités de SAGEMCOM

I.2.3. Unité de Fabrication des Terminaux de Maîtrise d'Energie (UFTME)

C'est dans cette unité que se déroule mon Projet de Fin d'Etudes.

L'unité de fabrication conçoit et fabrique une gamme complète de compteurs électroniques traditionnels et communicants pour des applications domestiques et industrielles. Cette unité de fabrication se présente avec un effectif de 240 personnes dans ses différentes lignes de production. Elle est composée de :

- Deux lignes CMS.
- Deux lignes de câblage manuel et deux testeurs marconi.
- Un atelier de préparation des Kits.
- Un atelier intégration composé de quatre lignes avec calibration des compteurs monophasés et triphasés.
- Trois bancs de vérification métrologique.

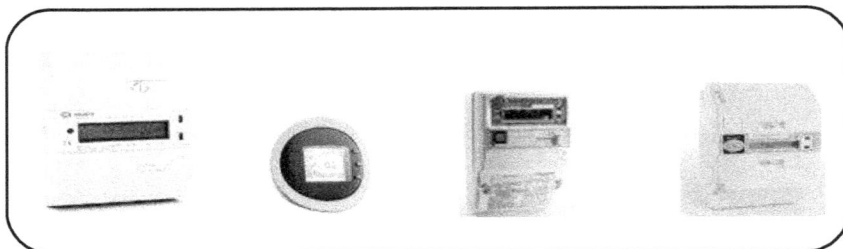

Figure I.2 : Exemples des compteurs d'énergie électrique de marque SAGEM

Afin de fabriquer une gamme complète de compteurs électroniques, les terminaux de comptage, L'UFTME procède en six étapes de fabrication :

- **Réalisation des cartes électroniques** : Cette étape est essentiellement à base des technologies de refusions CMS.
- **Intégration** : Cette étape consiste à intégrer les composants électroniques manuellement afin de finaliser le produit.
- **Test des cartes électroniques** : Cette étape a pour but de contrôler la qualité des cartes électroniques fabriquées par un test dit "In-situ". Ce dernier permet de contrôler la valeur, la présence et le sens des composants posés sur les cartes électroniques lors des phases précédentes.
- **Test des produits finis** : Cette étape est un deuxième contrôle de qualité sur des produits fabriqués. Il est réalisé sur le produit fini (intégré) et permet de simuler le fonctionnement du produit dans les conditions d'utilisation prévues.
- **Contrôle qualité finale** : Cette étape est le dernier contrôle de qualité avant l'expédition. Il permet de vérifier le fonctionnement des ensembles du produit (conditionnement, personnalisation client, test fonctionnel client etc.)
- **Expédition** : Tous les produits finis du SAGEMCOM Tunisie jugés conformes sont acheminés vers le magasin des produits finis où se fait la palettisation ainsi que le filmage de ces produits.

I.3. Problématique

Malgré sa souplesse, le système de calibration dans sa version actuelle possède certaines limitations.

Les principales limitations de ce système sont :

- Un nombre limité de compteurs (quatre compteurs) ce qui entraîne un temps de test plus long donc temps de production aussi long.

- Un problème de communication entre l'ordinateur et les compteurs : il y a parfois échec de transfert des données au cours du lancement de l'application de la calibration due à la fermeture du port COM de l'ordinateur. Le seul moyen de continuer est de faire redémarrer l'ordinateur et réinitialiser l'application.

Pour remédier à ces genres de problèmes, l'équipe industrialisation a pensé de trouver un autre système plus robuste capable d'optimiser et d'améliorer l'approche point par point RS232 et d'assurer la calibration d'un grand nombre de compteurs afin de réduire le temps de production.

Pour concrétiser cette solution, l'équipe a proposé d'étudier et de concevoir un système de calibration embarqué d'un banc multipostions pour la calibration simultanée de 48 compteurs.

I.4. Cahier des charges et plan de travail

Il s'agit, dans le cadre de notre projet de fin d'études, d'étudier et de concevoir un module de calibration embarqué pour un seul compteur électrique de type X16 qui sera dupliquer par la suite. Le système à concevoir doit améliorer les deux fonctionnalités de l'ordinateur : la première est de gérer la communication avec le compteur, l'étalon et le générateur et la deuxième est d'effectuer les calculs nécessaires pour la calibration.

L'analyse du cahier des charges nous donne une idée sur les différentes caractéristiques du microcontrôleur qu'on va utiliser :

- ❖ la taille du bus de données est 32 bits puisque les données issues du compteur sont codées sur 32 bits.
- ❖ Supporte le calcul à virgule flottante car notre application de calibration nécessite une très grande précision au niveau de calcul des erreurs du compteur.
- ❖ Possède au moins trois UARTs pour qu'il puisse communiquer avec le compteur, l'étalon et le générateur.
- ❖ Performant au niveau de calcul et de la vitesse de traitement.

Par conséquent le travail demandé est composé de quatre parties :

❖ Etude : il s'agit de l'étude du besoin et de la technologie du microcontrôleur qui semble adéquat à cette application.

❖ Conception : c'est la modélisation logicielle en utilisant le langage de modélisation standard UML afin de présenter les différentes étapes de la calibration.

❖ Développement : c'est la phase de la programmation du microcontrôleur.

❖ Réalisation : il s'agit de l'implémentation logicielle et la validation du système conçu.

I.5. Conclusion

Ce présent chapitre a été dédié à la présentation de l'entreprise d'accueil SAGEMCOM ainsi que ses services et ses produits issus des différentes unités de fabrications et avec lesquelles elle a pu devenir l'un des plus importantes industries à l'échelle international. En second lieu, il s'achève par une étude de la problématique de la calibration et par une description du cahier des charges et du plan de travail.

Chapitre II :

Etude de système actuel de la calibration

Chapitre II : Etude de système actuel de la calibration

II.1. Introduction

Ce présent chapitre sera consacré pour étudier la version actuelle de l'application de calibration et pour décrire la solution retenue qui doit répondre au cahier des charges fixé par la société.

II.2. Définition de la calibration

La calibration ou bien l'étalonnage est une opération qui consiste à régler un appareil suivant des données référence préétablies et qui détermine, dans des conditions bien définies, les valeurs des erreurs, afin d'obtenir un enregistrement ou une reproduction fidèle. Ce terme peut s'appliquer à tout matériel d'acquisition et restitution tel que les appareils de maitrise d'énergies comme les compteurs électroniques.

Le service industrialisation au sien du SAGECOM s'occupe de développement et de la mise en place des moyens de test exigés par une unité de recherche et il a comme mission de concevoir le produit ainsi que la conception des testeurs fonctionnels. Parmi les testeurs développés par le service industrialisation le testeur calibration.

Le développement d'un testeur fonctionnel est divisé en trois parties :

- La conception de la partie mécanique.
- La conception de la partie électrique et instrumentation
- L'élaboration de la partie software.

Vu que notre projet de fin d'étude a pour objectif de développer un module de calibration embarqué pour un compteur de type SAGEM X16, on va s'intéresser dans la suite de ce chapitre à la présentation du compteur X16, l'étalon, le générateur utilisés et la stratégie de la calibration dans sa version actuelle.

II.3. Présentation du compteur X16

Le terminal de maîtrise d'énergie SAGEM X16 est un appareil monophasé de comptage et de mesure de l'énergie électrique. Il existe en plusieurs modèles et il est fabriqué afin de l'exporter à plusieurs pays européens.

Le compteur X16 est constitué de trois cartes électroniques :

- Une carte alimentation qui fournit l'énergie, réalise la métrologie et le couplage pour les signaux OFDM.
- Une carte MCU qui comporte deux microcontrôleurs et qui représente la partie intelligente du compteur.
- Une carte OFDM optionnelle qui fournit les services des réseaux par courant porteur.

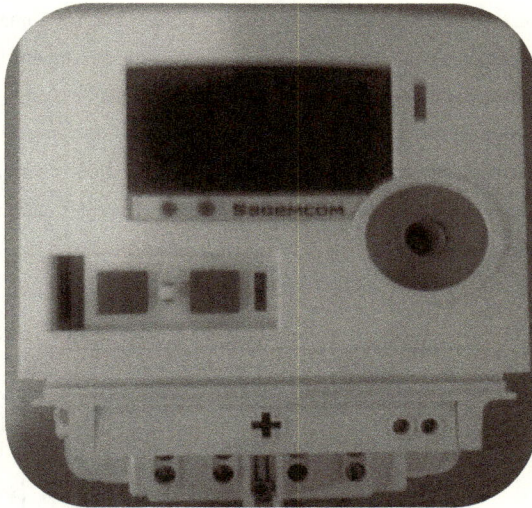

Figure II.1 : Compteur de type SAGEM X16

Ce type de compteur utilise le principe de comptage numérique par impulsions. Le clignotement des diodes rouge et verte du compteur donne une indication sur le comptage de l'énergie. Les signaux reçus sont échantillonnés afin de les numériser et de les transformer en impulsions de comptage. On peut lire les mesures de tension, de courant et de puissances directement sur l'afficheur LCD du compteur, comme on peut acquérir ces données via flag de communication optique comportant deux diodes émettrices et réceptrices. L'échange de données se fait sous forme de commandes qu'on peut exploiter par une application informatique.

Toutes les grandeurs affichées par un compteur d'énergie sont déduites, par algorithme de calcul numérique, à partir de la numérisation de la tension et du courant.

II.4. Présentation du compteur étalon SRS 121.3

Le SRS 121.3 est un compteur électronique triphasé de référence qui offre différentes classes de précision. Cet équipement a été développé pour tester les compteurs d'électricité au moyen de bancs d'essai. La large plage de mesure, la grande précision et les faibles effets des facteurs de perturbation sont les caractéristiques les plus marquantes du SRS. Ce qui le rend l'unité de mesure la plus idéale pour la vérification des compteurs d'électricité dans les zones d'essai.

Le SRS 121.3 utilise des convertisseurs analogique / numérique, ses signaux sont traités au moyen d'un processeur de signal. En conséquence, les valeurs de courant, tension, puissance et facteur de puissance sont disponibles simultanément. Cet étalon est un logiciel entièrement réglable, toutes les données de paramétrage sont stockés dans une mémoire EEPROM non volatile et les résultats de mesure sont disponibles via une interface série RS232. L'exploitation de ces valeurs de mesure est effectuée en utilisant des commandes spéciales à partir d'un ordinateur.

La figure II.2 donne une image de l'étalon :

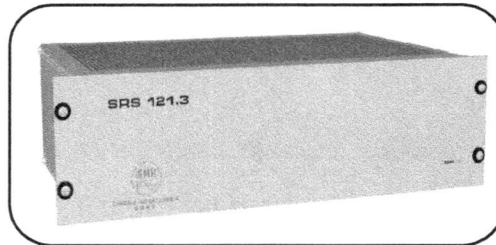

Figure II.2 : Etalon SRS 121.3

II.5. Présentation du générateur SPE 120.3

Le SPE 120.3 est une unité d'approvisionnement complète pour l'essai des compteurs d'électricité. Cet équipement peut produire un système triphasé stable pour les essais des compteurs, avec des courants et des tensions qui peuvent être librement choisis.

Cette source statique de puissance est disponible pour une puissance de sortie soit de 3 * 300 VA ou de 3 * 600 VA afin d'assurer l'essai de dix ou vingt compteurs. Le SPE 120.3 est contrôlé par l'ordinateur via l'interface standard RS232.

II.6. Câblage tension et câblage courant des compteurs monophasés

Tous les terminaux de maîtrise d'énergie de SAGEMCOM ont été conçus pour recevoir des alimentations en courant et en tension à partir de sources séparées lors de la calibration.

La procédure de calibration des compteurs électriques de type SAGEM X16 exige une alimentation en tension et une alimentation en courant indépendante l'une de l'autre. Les compteurs possèdent quatre points de connexions avec le réseau. Lors de la calibration, on utilise deux points pour l'alimentation en tension et deux points pour l'alimentation en courant. Les points de connexion sont des borniers à vis pour le serrage des câbles et le maintien du shunt.

La figure II.3 représente le câblage tension des compteurs monophasés.

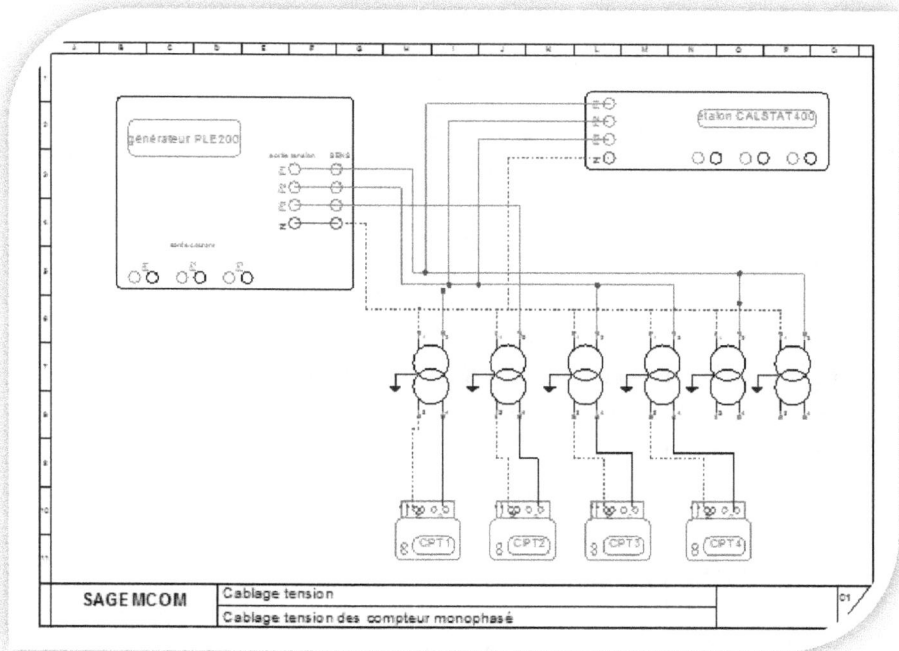

Figure II.3 : Câblage tension des compteurs monophasés

La figure II.4 représente le câblage courant des compteurs monophasés.

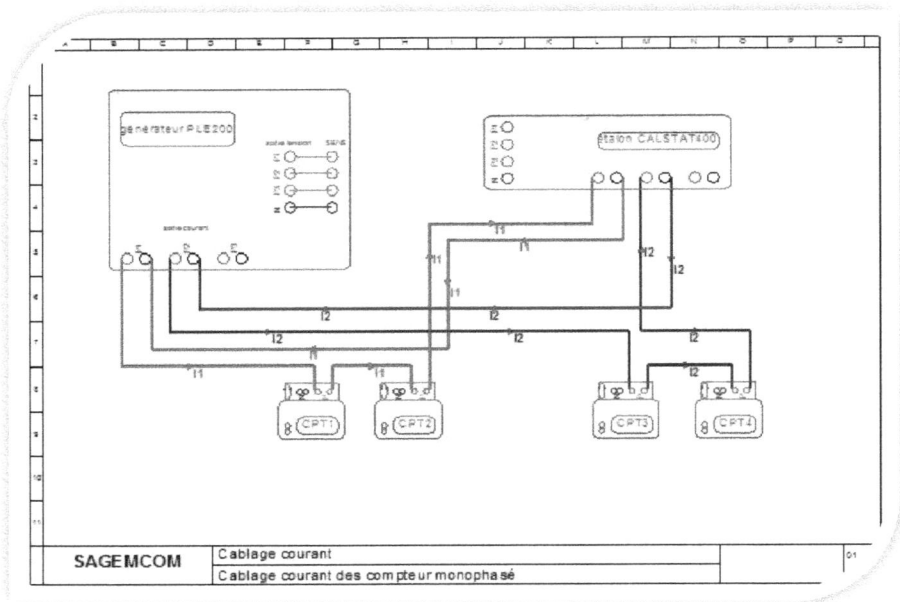

Figure II.4 : Câblage courant des compteurs monophasés

II.7. Stratégie de la calibration des compteurs X16

Comme on a déjà dit, chaque compteur X16 communique avec son environnement par une tête optique infrarouge. Elle est bidirectionnelle et permet la télérelève directe et la programmation des compteurs. La tête optique RS232 est livrée avec un cordon torsadé avec un câble série DB9F. Et à travers la carte NI-PCI 8430 multiport RS232, Le logiciel calibration X16 permet de calibrer 2 ou 4 compteur X16 en parallèle.

La carte NI PCI-8430/8 est une interface série huit ports RS232 hautes performances pour le PCI Express destinée aux communications haute vitesse. La carte offre des vitesses de transfert flexibles pour des transmissions de données entre 2 baud et 1 Mbaud avec une précision inférieure à 0,015 % pour des vitesses de transfert standard et de 0,5 % pour des vitesses de transfert non standard et elle est compatible avec les systèmes d'exploitation Windows et LabVIEW Real-Time [6].

La figure II.5 et la figure II.6 représentent respectivement la tête optique RS232 et la carte multiport RS232 :

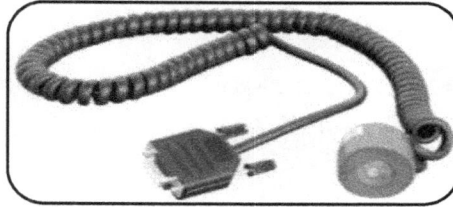

Figure II.5 : Tête optique RS232

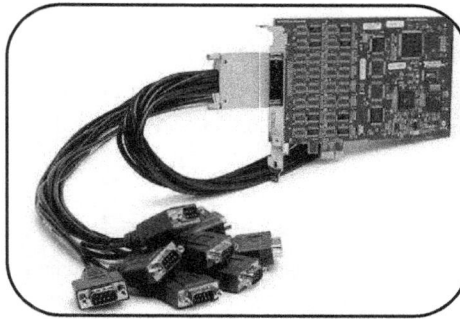

Figure II.6 : Carte multiport RS232 : NI-PCI 8430 /8

II.8. Solution proposée

Bien que le système actuel de la calibration semble robuste, il possède certaines limitations surtout au niveau de la communication. On va s'intéresser dans la suite de ce chapitre de décrire la solution retenue qui doit résoudre ces limitations.

II.8.1. Choix de la solution

Lors de la calibration dans sa version actuelle, l'ordinateur joue deux fonctionnalités : la première est de gérer la communication avec le compteur, l'étalon et le générateur et le deuxième est d'effectuer les calculs nécessaires afin de régler les compteurs.

Pour résoudre la problématique, il ya trois solutions : soit déporter le calcul, soit déporter la communication ou bien déporter les deux.

> **Première solution : déporter le calcul**

Cette solution consiste à partager l'application en deux tâches gérées par deux organes différents:

- L'ordinateur conserve le premier rôle : gère la communication avec les compteurs.
- Un autre organe, généralement un microcontrôleur, effectue la tâche du calcul.

Avantage :

- On gagne un plus de précision et de rapidité au niveau du calcul des paramètres de réglage puisque il ya des microcontrôleurs qui sont spécifiques pour les applications de calcul et sont plus performants et plus rapides.

Inconvénients :

- Solution ne résout pas les limitations de calibration du système actuel puisque le majeur problème qui est le problème de la communication entre l'ordinateur et les différents équipements n'est pas résolu.
- Cette solution n'est pas flexible, elle augmente la complexité du système.

> **Deuxième solution : déporter la communication**

Comme la solution précédente, cette solution consiste aussi à partager l'application en deux tâches gérées par deux organes différents :

- L'ordinateur effectue le calcul pour l'ajustement métrologique.
- Un microcontrôleur gère la communication avec les différents équipements.

Avantage :

- Résout le problème de la communication.

Inconvénients :

- Cette solution peut résoudre notre problème mais le seul inconvénient est que le calcul va être effectué par l'ordinateur. En contre partie, il y a des composants qui peuvent jouer à la fois le rôle d'un microcontrôleur, et celui d'un calculateur rapide en temps réel.

Donc, on peut améliorer de plus la solution de point de vue communication et temps de test.

> **Troisième solution : déporter la communication et le calcul**

Cette solution permet d'exécuter toutes les tâches par un seul composant et d'éliminer définitivement le rôle de l'ordinateur.

On trouve que cette solution est la plus adéquate pour respecter notre objectif concernant l'amélioration de la communication et le gain du temps de test. Elle permet de remplacer le système actuel par un autre système plus robuste, plus petit, plus performant et moins cher. C'est évidement le système embarqué.

Au lieu de se connecter au port COM de l'ordinateur, la tête optique infrarouge se connecte cette fois à un port série male d'une carte électrique à base d'un processeur.

Le synoptique de cette figure montre l'interface entre le compteur et la carte:

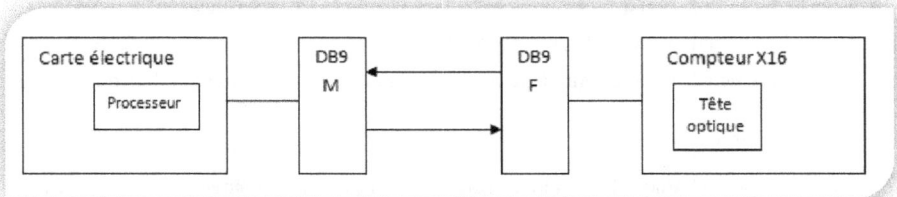

Figure II.7 : Synoptique de l'interface entre le compteur et une carte électrique

II.8.2. Les systèmes embarqués [10]

II.8.2.1 Définition des systèmes embarqués

Un système embarqué est un système électronique et informatique autonome, qui est dédié à une application bien précise.

Les principales caractéristiques d'un système embarqué sont :

- C'est un système principalement numérique.

- Il met en œuvre généralement un processeur.
- Il exécute une application logicielle dédiée pour réaliser une fonctionnalité précise.
- Ce n'est pas un PC en générale mais des architectures similaires basse consommation et petite taille.

Si on veut décrire l'architecture d'un système embarqué on vagit par dire qu'il y on a en entrée des capteurs généralement analogiques couplés à des convertisseurs A/N et de même en sortie avec des convertisseurs N/A couplés eux-mêmes à des actionneurs. Au centre s'établit le calculateur mettant en œuvre un processeur embarqué et ses périphériques d'E/S.

II.8.2.2. Importance des systèmes embarqués

Les systèmes embarqués sont actuellement fortement communicant, ils sont devenus un élément très essentiel dans notre vie par leurs présence dans tous les domaines (applications domestiques, automobiles, téléphones mobiles…).

II.8.2.3. Contraintes des systèmes embarqués

Pour garantir l'efficacité, ces systèmes exigent certaines contraintes :

➤ **Réponse temps réel**

Le système doit prendre certaines décisions ou effectuer des calculs dans un temps bien limité. Une faute temporelle peut entraîner plusieurs problèmes dans le système. Il est donc nécessaire de vérifier l'exactitude temporelle du système avant sa mise en fonctionnement.

➤ **Fiabilité**

Le système embarqué doit toujours garantir un maximum de sûreté de fonctionnement du logiciel et doit rester opérationnel même lors d'une panne matérielle.

➤ **Faible coût de fabrication**

Le coût de fabrication d'un système embarqué est un facteur essentiel. En fait, le concepteur doit chercher le maximum de performance (fiabilité, sûreté de fonctionnement, temps de conception) avec le minimum de coût.

➤ **Faible consommation**

La minimisation de la consommation est essentielle pour le système embarqué. Il est généralement à alimentation portable (alimenté par dés batteries).

II.8.3. Choix de microcontrôleur

Le choix du composant qui répond aux exigences de notre application est considéré parmi les étapes les plus importantes de notre projet.

Les domaines d'applications du traitement numérique du signal sont nombreux et variés comme le traitement du son et de l'image, le filtrage, la compression et la transmission des données. Chacune de ces applications nécessite un système du traitement numérique ce qui donne naissance à des composants spécifiques dédiés à les réaliser. Ils sont souvent réalisé à l'aide de microprocesseurs embarqués, de microprocesseurs spécialisés DSP (*Digital Signal Processor*), de circuits reconfigurables FPGA (*Field-Programmable Gate Array*) ou de composants numériques dédiés ASIC (*Application-Specific Integrated Circuit*).

La très grande performance au niveau de calculs de bas à haut niveau est la plus importante caractéristique du DSP, et sachant que notre application de la calibration nécessite une très grande précision au niveau du calcul des paramètres de réglage et des erreurs du compteur, on a choisi de travailler avec un DSP.

II.8.3.1. Définition d'un DSP [3]

Un DSP est un type particulier de microcontrôleur. Il se caractérise par le fait qu'il intègre un ensemble de fonctions spéciales. Ces fonctions sont destinées à le rendre particulièrement performant dans le domaine du traitement numérique du signal. Les DSPs sont très utiles pour les applications intensives en calculs.

II.8.3.2. Principales distinctions entre DSP et microprocesseur classique

La différence fondamentale se situe dans le fait que le DSP bénéficie de plus de : [3]

➤ **ALU étendue : MAC**

Dans la pratique, la plupart des DSP ont un jeu d'instructions spécialisé permettant de lire en mémoire une donnée, d'effectuer une multiplication puis une addition, et enfin d'écrire en mémoire le résultat, le tout en un seul cycle d'horloge. Ce type d'opération est nommé MAC (*Multiply and ACcumulate*). Un processeur classique nécessitera plusieurs cycles pour réaliser cette séquence.

➤ **L'accès à la mémoire**

Une autre caractéristique du DSP est sa capacité à réaliser plusieurs accès mémoire en un seul cycle. Ceci permet à un DSP par exemple de chercher en mémoire une instruction et ses données réalisant un MAC, et simultanément, d'y ranger le résultat du MAC précédent. Ce qui permet évidemment de gagner beaucoup plus du temps.

> **Sa Structure**

Un microprocesseur classique est généralement basé sur une structure Von Neumann qui stocke les programmes et les données dans la même zone mémoire. La structure Harvard se distingue de l'architecture Von Neumann uniquement par le fait que les mémoires programmes et données sont séparées. L'accès à chacune des deux mémoires se fait via un chemin distinct. Cette organisation permet de transférer une instruction et des données simultanément, ce qui améliore évidemment les performances du processeur. L'architecture Harvard est concernée pour la plupart des DSP.

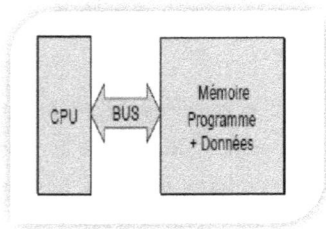

Figure II.8 : Structure Von Neumann   *Figure II.9 : Structure Harvard*

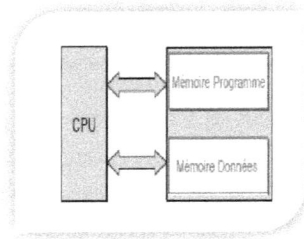

> **Contrôle de processeur : le pipeline**

Le pipeline a pour objectif d'être capable de réaliser chaque opération en parallèle avec les étapes amont et aval. Les opérations nécessaires à l'exécution d'une instruction peuvent être comme suit :

• **Ri** : recherche et lecture de l'instruction (en anglais FETCH instruction) depuis la mémoire.

• **Di** : Décodage de l'instruction (DECODe instruction) et recherche des opérandes.

• **Ei** : Exécution de l'instruction (EXECute instruction).

• **Si** : Ecriture (Write instruction) de la valeur calculée dans les registres.

Les figures suivantes représentent la différence entre un modèle classique et un modèle de type pipeline :

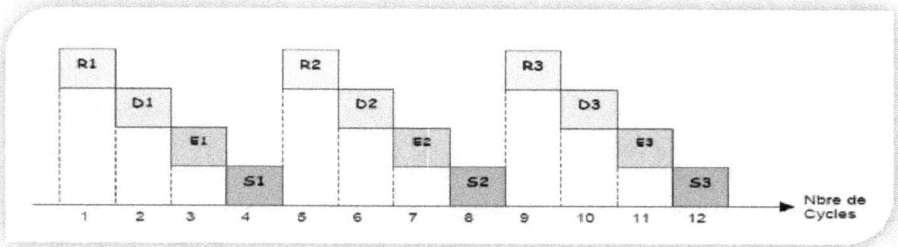

Figure II.10 : Modèle classique

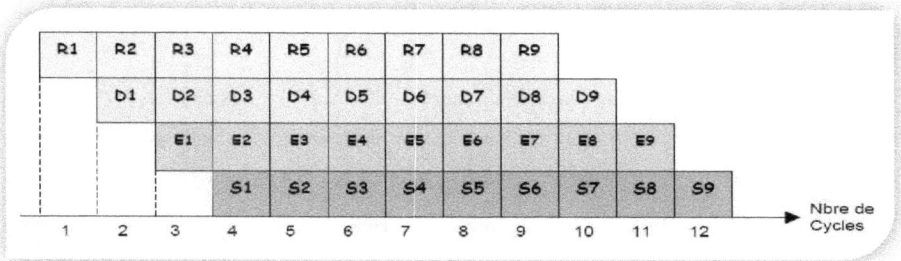

Figure II.11 : Modèle de type pipeline

II.8.3.3. Critères de sélection du DSP

La différence entre modèles de DSP se situe au niveau :

- Du format de calcul : fixe ou en flottant.
- De la taille du bus de donnée : 16, 24 ou 32 bits.
- De la puissance en millions d'instructions par seconde (MIPS).
- De ses entrées/sorties (ports série, ports parallèles…).
- De coût du DSP.

> **Format de calcul**

Un point essentiel de DSP est la représentation des nombres (les données) qu'ils peuvent manipuler. Il est possible de distinguer deux familles :

-   Format virgule fixe : qui est généralement 16, 20 et 24 bits. Elle se caractérise principalement par une dynamique réduite, hardware simple et coût réduit
-   Format virgule flottante : qui est 32 bits (mantisse 24 bits, exposant 8 bits). Contrairement au format virgule fixe, elle se caractérise par une dynamique élevée pour 32 bits, hardware plus complexe et coût élevé.

Les processeurs à virgule flottante utilisent une notation des nombre sous forme d'exposant et de mantisse, ils ont en général une puissance de calcul beaucoup plus élevée. De plus, la très grande dynamique proposée par les processeurs à virgule flottante permet virtuellement de ne pas se soucier des limites des résultats calculés lors de la conception d'un programme. C'est pourquoi on va intéresser pour notre application à un DSP à virgule flottante.

> **La taille du bus de donnée**

Notre processeur est consacré à traiter les informations et les données issues du la carte micro du compteur X16 qui effectue des calculs pour mesurer les valeurs de tension, du courant et de la puissance active et réactive codés sur 32 bits.

La capacité en nombre de bits de données est l'une des caractéristiques de la puissance de traitement du processeur. Plus elle est élevée, plus le processeur est plus performant. Donc, il est préférable que notre composant ait une taille de bus de données de 32 bits.

> **Coût**

Dans la pratique, le coût de fabrication d'une solution est un facteur très essentiel du fait que l'industrie cherche toujours à maximiser les performances de ses outils avec le minimum du coût. Concernant notre projet, la solution retenue est de remplacer le système actuel de calibration par un système embarqué, on a choisi donc de travailler avec un DSP 32 bits à virgule flottante et on a besoin nécessairement d'un kit de développement pour développer notre application.

Les sociétés les plus renommées dans le domaine de DSP sont : Texas Instruments, Analog Devices et Motorola. Pour la société Texas Instruments, les DSPs à virgule flottante 32 bits disponibles ont un prix entre 46,29 € et 96,06 € et le prix de leurs kits de développement atteint le 632,28 € [2].

Pour cette raison, on a essayé de remplacer le DSP par un autre composant possède les mêmes caractéristiques ainsi que les mêmes critères de choix mais avec un prix favorable.

Depuis quelques années, Microchip a annoncé une nouvelle famille des microcontrôleurs la famille PIC32. Les microcontrôleurs de cette famille utilisent des mots d'instructions sur 32 bits, supportent le calcul à virgule flottante et ont les mêmes bénéfices que ceux d'un DSP. De plus, les produits de Microchip bénéficient d'un excellent rapport qualité/ prix. Les PICs 32 bits ont un prix entre 7,99 € et 12,54 € et le prix de leurs kits de développement entre 36,22 € et 110,11 € [2].

Alors, vu de tous ces circonstances, on a choisi finalement de travailler avec le PIC32MX795F512L qui est le PIC le plus performant de cette nouvelle famille.

II.9. Conclusion

Ce présent chapitre a été consacré à l'étude détaillée du système actuel de la calibration, ainsi qu'à justifier le choix du PIC32MX795F512L le composant le plus adéquat pour remédier ses limitations. Une seconde étude de la technologie de ce PIC s'impose et fera l'objet du chapitre suivant.

Chapitre III :
Etude de technologies de PIC32

Chapitre III : Etude de technologies de PIC32

III.1. Introduction

On va présenter dans ce chapitre la nouvelle famille des microcontrôleurs la famille PIC32, en particulier, le PIC32MX795F512L l'objet principal de notre projet.

III.2. Marchés des microcontrôleurs

Plusieurs fondeurs se partagent ce marché, citons Intel, Motorola avec le 68HCxxx, Atmel avec les AVR, Zilog et enfin le célèbre fabriquant Microchip avec les PICs.

Microchip est l'un des grands fabricants des microcontrôleurs. La gamme des produits proposés est sans doute la plus répondue. Se sont les modèles les plus vendus et c'est en raison d'un excellent rapport qualité/prix qui sont utilisés par toute la communauté électronique, que se soit amateur, ou même par certains professionnels. Facile à programmer et à utiliser, leurs prix sont relativement bas avec fréquences de fonctionnement élevées.

III.3. Définition d'un PIC [11]

Un PIC, est un microcontrôleur, c'est une unité de traitement de l'information de type microprocesseur à laquelle on a ajouté des périphériques internes permettant de réaliser des montages sans nécessiter l'ajout de composants externes.

La dénomination PIC est sous copyright de Microchip, donc les autres fabricants ont été dans l'impossibilité d'utiliser ce terme pour leurs propres microcontrôleurs.

Les PICs sont des composants dits RISC ou encore composant à jeu d'instruction réduit, plus on réduit le nombre d'instructions, plus le décodage est plus facile et donc plus rapide.

Les principales caractéristiques des processeurs RISC sont :

➢ Jeu d'instruction réduit.
➢ Instruction et opérande codés sur un seul mot.
➢ Toutes les instructions (hors saut) sur un seul cycle machine.
➢ Très nombreux registres à usage générale.
➢ Nette séparation entre les instructions d'accès mémoire et les autres.

> ➢ Instruction standardisés en taille et en durée d'exécution.

La famille des PICs est subdivisée en 3 grandes familles : La famille Base-Line, qui utilise des mots d'instructions de 12 bits, la famille Mid-Range, qui utilise des mots de 14 bits et la famille High-End, qui utilise des mots de 16 bits. Et depuis quelques années, Microchip annonce l'apparition d'une nouvelle famille, la famille PIC32, qui intègre des nouveaux conçus utilisant des mots d'instructions de 32 bits.

III.4. Les PIC 32 [11]

III.4.1. Généralités

Le nombre de domaines d'application envisageables pour les microcontrôleurs se multiplie et cette croissance s'accompagne d'un besoin accru de performance. Le nombre incalculable de microcontrôleur 8 bits et 16 bits disponibles répond sans doute aux besoins de toutes les applications classiques, mais la tendance en faveur d'un mode de vie toujours plus intelligent fait évoluer la demande vers des microcontrôleurs eux aussi plus intelligents, capables de fournir quelque chose en plus des fonctions de contrôle standard.

Le terme de connectivité englobe à la fois les communications filaires et sans fil. Or, de nos jours, les applications nécessitent des solutions plus robustes, capables de prendre en charge des bandes passantes plus importantes et des topologies de réseaux. Ceci peut inclure des technologies filaires comme USB, Ethernet ou CAN, ou des solutions de réseau sans fil, notamment Bluetooth ou ZigBee. Beaucoup de microcontrôleurs8 bits et 16 bits sont capables de répondre au besoin de communications relativement complexes, mais vu que ces protocoles de communication modernes exigent une puissance de traitement significative et des cœurs de processeur plus rapides et plus performants a poussé l'industrie progressivement vers les composants 32 bits.

III.4.2. Famille PIC32

La famille PIC32 est subdivisée en deux grandes sous familles, la première nommée PIC32MX3XX/4XX et la deuxième PIC32MX5XX/6XX/7XX. Les principales caractéristiques de ces deux sous familles sont:

Tableau III.1 : La famille PIC32

PIC32MX		Fréquence (MHz)	Flash (KB)	I/O	Port série	Autres périphériques
PIC32MX3XX/4XX	3XX	40/80	32/64/128/ 256/ 512	53	SPI/I2C/UART	
	4XX	40/80	32/128/256/ 512	85	SPI/I2C/UART	USB
PIC32MX5XX/6XX/7XX	5XX	80	64/128/256/ 512	85	SPI/I2C/UART	USB/CAN
	6XX	80	64/128/256/ 512	53	SPI/I2C/UART	USB/Ethernet
	7XX	80	/128/256/ 512	85	SPI/I2C/UART	USB/CAN / Ethernet

Tous ces composants sont identiques, aux exceptions citées dans le tableau précédent et à d'autres exceptions, notamment le nombre de convertisseurs analogiques/numériques, la taille de timers et la présence ou non de DMA.

On va s'intéresser dans la suite de ce chapitre à présenter le PIC32MX795F512L qui fera notre objet principal.

III.5. Le PIC32MX795F512L [12]

Les caractéristiques principales de ce PIC sont :

- Une architecture HARVARD.

- MCU: MIPS32® M4K® 32-bit.

- Horloge max de 80 MHz.

- Une mémoire programme FLASH de 512 Ko et une mémoire vive SRAM de 128 Ko

-Huit canaux DMA.

- Cinq timers : 5 timers 16-bits et la possibilité d'avoir 2 timers 32-bits.

- Six UART/ Quatre SPI/ Cinq I2C.

-Cinq modules capture / compare/PMM.

- Convertisseur analogique numérique 10-bits /Deux comparateurs analogiques.

- USB (OTG)/ Bus CAN/ Contrôleur Ethernet.

- Port parallèle PMP 16-bits.

- Package : TQFP / Nombre de pins : 100

- Tension d'alimentation Maximale : 3.6V.

- Courant maximal de chaque pin d'E/S : 18 mA.

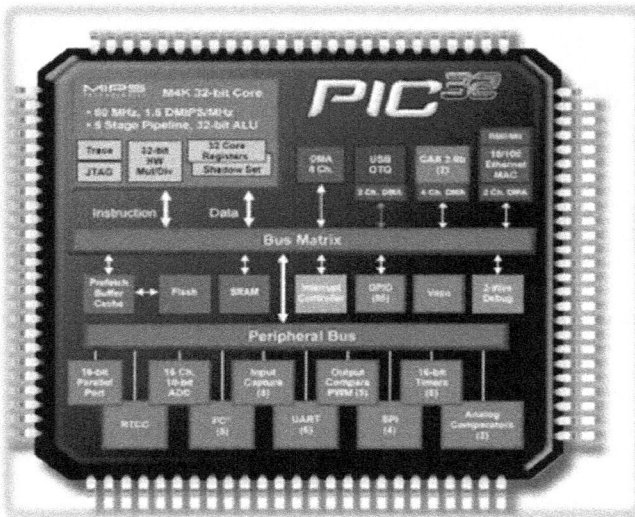

Figure III.1 : Caractéristiques du PIC32MX795F512L

III.5.1. Le MCU

Après le célèbre Cortex M3 de l'architecture ARM, Microchip rentre sur le créneau avec la technologie 32 bits choisie pour sa famille PIC32 qui est celle du cœur M4K de MIPS. Tout comme le Cortex M3, c'est une architecture Harvard plus performante que l'architecture Von Neumann. Les similitudes s'arrêtent là car les performances brutes du cœur M4K® MIPS32® ont été maximisées pour atteindre la performance inégale de 1,56 DMIPS/MHz contre 1,25 DMIPS / Mhz pour le Cortex M3, un pipeline 5 étages au lieu de 3, 32 registres à usage général 32 bits au lieu de 16, possibilité d'ajouter un coprocesseur, il intègre par ailleurs l'Ethernet, le CAN, l'USB ainsi que des interfaces de communication série multiples, et doté de nouvelles options de mémoires garantissant un meilleur rapport coût/efficacité.

La performance de traitement du signal dans l'architecture MIPS32 est améliorée par la disponibilité d'une unité MDU (*Multiply Divide Unit*) exécutant les instructions MAC 32x16 bits en un seul cycle et les 32x32 bits en deux cycles ce qui lui permet d'accélérer de nombreuses tâches courantes de traitement. Ces performances au niveau de calcul nous ont poussés à utiliser ce type de PIC.

Offrant un moteur de calcul haute performance, le cœur de PIC32MX795F512L contient d'autres blocs logiques travaillant ensemble et en parallèle avec l'unité MDU comme :

- Unité d'exécution qui contient principalement une Unité Arithmétique et Logique (ALU) 32-bits et 32 registres à usage général (GPRs).
- CP0 (*System Control Coprocessor*) qui est utilisé pour compléter les fonctions du processeur principal comme la gestion de la mémoire principale.
- FMT (*Fixed Mapping Translation*) : les concepteurs PIC32 ont remplacé le gestionnaire de mémoire MMU (*Memory Management Unit*) avec cette unité et un bus maître BMX. Le FMT permet au PIC32 d'être conforme au modèle de programmation utilisé par tous les autres conceptions à base de la technologie MIPS de telle sorte que les espaces d'adresses normalisées sont utilisées.

La figure suivante montre les différents bloques logiques du noyau de PIC32MX795F512L :

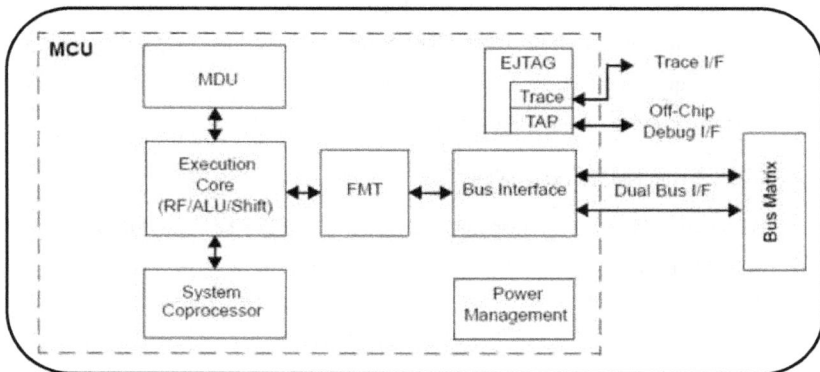

Figure III.2 : Le MCU du PIC32MX795F512L

III.5.2. Les mémoires du PIC 32MX795F512L

La figure suivante montre où les blocs de principales mémoires (SRAM et la mémoire Flash) du PIC32 sont physiquement situés à l'intérieur de l'espace d'adressage [1]:

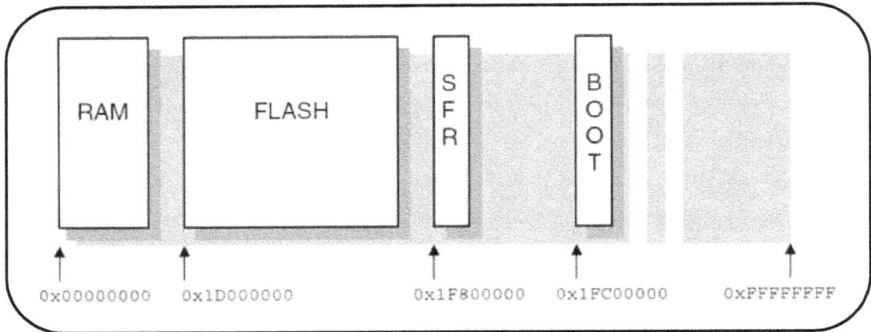

Figure III.3 : Espace d'adressage des mémoires

Le pic 32MX795F512L possède deux types de mémoires :

> **Mémoire FLASH :** C'est la mémoire programme, nouveau type de mémoire EEPROM, elle permet une écriture/effacement de toute la mémoire ou que d'une partie au choix, c'est une mémoire stable, réinscriptible à volonté. Dans notre PIC, elle est de 512Ko. Une portion de 12 Ko de la mémoire Flash se trouve à l'adresse 0x1FC00000 pour une utilisation par un bootloader.

> **Mémoire SRAM :** La mémoire SRAM (*Static Random Access Module*) est très rapide et ne nécessite pas de rafraîchissement. Néanmoins, elle est très chère et volumineuse. C'est une mémoire volatile. Cette mémoire contient les registres de configuration du PIC ainsi que les différents registres de données. Elle contient également les variables utilisées par le programme, elle est de 128Ko.

III.5.3. Organisation externe

Trois boîtiers différents sont disponibles : boîtier à 100 broches TQFP de 12 x 12 mm, boitier à 100 broches TQFP de 14 x 14 mm et boitier BGA.

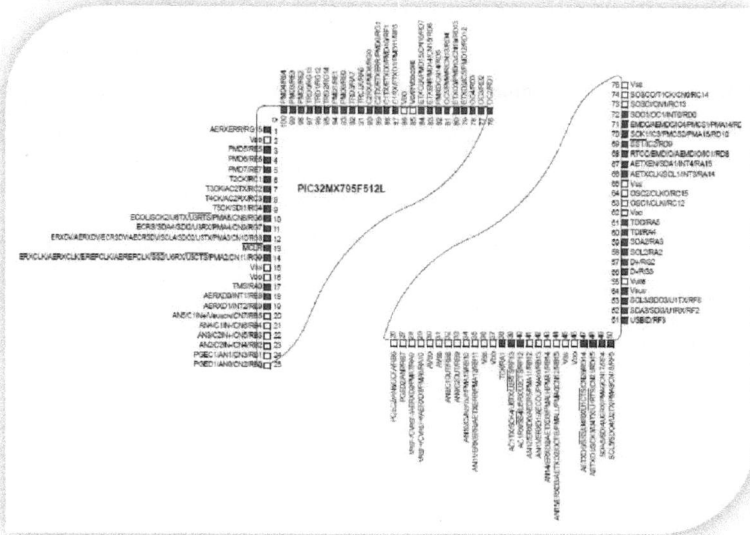

Figure III.4 : Les broches de PIC32MX795F512L

Le boitier décrit par la figure comprend 100 pins :

> ➢ 85 pins d'entrées /sorties.

> ➢ 11 pins d'alimentations : comme tout circuit intégré, le PIC 32MX795F512L a des proches d'alimentation : 5 pour le VSS, les VSS broches sont 15, 36, 45, 65 et 75 et 6 pour le VDD, les VDD broches sont 2,16, 37, 46, 62 et 86.

> ➢ 2 pins d'alimentation pour les modules analogiques : la broche 30 pour l'AVDD et la broche 31 pour l'AVSS.

> ➢ 1 pin VCAP/VCORE où l'utilisation d'un condensateur sur cette broche est nécessaire afin de stabiliser la sortie interne du régulateur de tension.

> ➢ 1 pin pour le reset : La broche MCLR (*Master Clear*) est une broche de contrôle que de fonctionnement. Cette broche a pour effet de provoquer la réinitialisation de microcontrôleur lorsqu'elle est connectée à 0V. Ceci provoque l'arrêt de programme qui va recommencer à la première instruction. L'ensemble des registres du microprocesseur vont par ailleurs être également remis à leurs valeurs de démarrage.

Pour que le microcontrôleur fonctionne, il faut donc que cette broche soit connectée au VDD.

Les microcontrôleurs de la famille PIC32 nécessite une attention à un ensemble minimal de brochage notamment l'utilisation de condensateurs de découplage sur les broches de l'alimentation, telles que la VDD, VSS, AVDD et AVSS et il est recommandé d'utiliser des condensateurs en céramique, ainsi que la nécessité d'ajouter deux résistances et un condensateur à la broche MCLR afin de limiter le courant en cas de décharge électrostatique. Les valeurs recommandées pour R, R1 et C sont respectivement de l'ordre de 1K, 4.7K et 1µF [12].

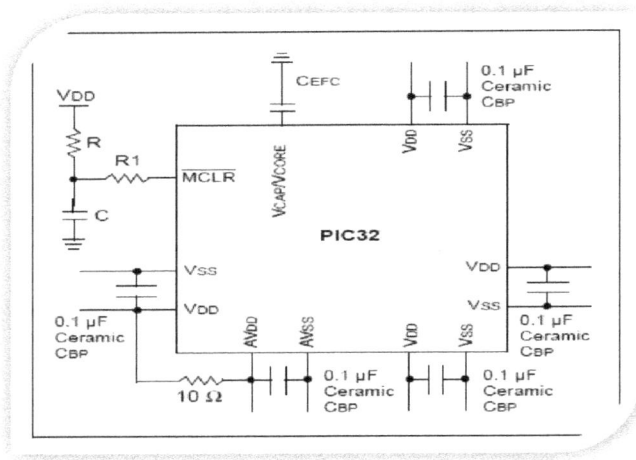

Figure III.5 : Les connexions minimales recommandées

III.5.4. Les ports du PIC32MX795F512L

Toutes les autres broches sont des broches de ports, le PIC 32MX795F512L possède 7 ports A, B, C, D, E, F et G qui partagent les 85 broches d'entrées/sorties disponibles.

Les broches d'E / S à usage général sont les plus simples de périphériques. Ils permettent au microcontrôleur de surveiller et contrôler d'autres appareils. Pour ajouter de la flexibilité et de la fonctionnalité, la plupart des broches sont multiplexées avec d'autres fonctions.

Chaque port est configuré par trois registres : TRIS, LAT et PORT qui sont directement associés à l'exploitation du port. Chaque broche des ces sept port d'E/S dispose d'un correspondant bit dans ces registres. Grâce à la lettre «x», on désigne les différents registres TRIS, par exemple "TRISx" représenterait TRISA, TRISB, TRISC, etc et ce le cas pour les autres registres.

Chaque bit du registre TRISx détermine si la broche du portx est considérée comme une entrée ou une sortie. Mettre le TRISx bit à 1 configure la broche correspondante comme une entrée et à 0 configure la broche correspondante comme une sortie. Toutes les broches d'E/S sont définies comme des entrées après une réinitialisation de microcontrôleur.

PORTx est un registre utilisé pour lire l'état actuel du signal appliqué aux broches du port, chaque bit de ce registre détermine le niveau BAS ou HAUT présent sur la broche correspondante, et le LATx est un registre utilisé pour écrire des données sur les broches des ports.

Certaines broches peuvent être configurées comme entrées analogiques utilisées pour le convertisseur analogique/numérique ADC et des modules de comparaison .Mettre les bits correspondants dans le registre AD1PCFG à 0 permet d'exploiter les broches comme entrées analogiques mais il doit avoir aussi leurs bits correspondants du registre TRISx à 1. La valeur par défaut du registre AD1PCFG est de 0x0000, par conséquent, toutes les broches désignées par ANx sont analogiques par défaut. Pour cette raison, pour exploiter les broches du PORTB de notre PIC comme des pins d'E/S à usage général, il faut mettre tous les bits du registre AD1PCFG à 1.

Chaque registre des modules d'E/S possède un correspondant registre CLR (*clear*), SET (*set*) et INV (*inversion*) conçu pour fournir rapidement les manipulations des bits.

III.5.5. L'accès à la mémoire DMA

Le contrôleur DMA (*Direct Memory Access*) du pic 32 est un bus maître utile pour les transferts de données entre différents périphériques sans intervention du CPU. Le pic 32MX795F512L possède 8 canaux DMA. Chaque canal DMA transfert des données à partir d'une source vers une destination en déterminant l'adresse de départ de chacune d'elles. La taille de la source et de la destination est configurée indépendamment et le nombre des octets transférés est indépendant de la taille de chacune d'elles.

III.5.6. Oscillateur

Le PIC32MX795F512L a plusieurs horloges qui sont dérivées de sources d'horloge internes ou externes.

Il ya trois horloges principales dans notre pic :

- L'horloge du système (SYSCLK) utilisé par le processeur et certains périphériques.
- L'horloge de bus périphérique (PBCLK) utilisé par la plupart des périphériques
- L'horloge USB (USBCLK) utilisés par le périphérique USB.

Les horloges proviennent de l'une des sources suivantes:

- Oscillateur primaire (POSC) sur les broches OSCI et OSCO.
- Oscillateur secondaire (SOSC) sur les broches SOSCI et SOSCO.
- Oscillateur RC interne rapide (FRC).
- Oscillateur RC interne de faible puissance (LPRC).

Chacune des ces sources d'horloge ont des options de configurations, comme le facteur de multiplication PLL, diviseur d'entrée et diviseur de sortie. Le facteur de multiplication PLL peut être choisi parmi un certain nombre de valeurs allant de 15 jusqu'à 24 et il est contrôlé par les bits PLLMULT du registre OSCCON. Le quartz utilisé pour le primaire oscillateur est typiquement un quartz de 8MHz. Comme la fréquence de fonctionnement maximale de notre pic est limitée à 80 MHz, la sélection de diviseur d'entrée de 2 et du facteur PLL de 20 donne 80 MHz. Le bloc diviseur de sortie nous offre une possibilité de gérer la fréquence d'horloge. Lorsque nous aurons besoin des performances maximales, nous allons laisser le diviseur de sortie réglée à 1. Si notre application ne les exige pas, on peut optimiser la consommation électrique en divisant la fréquence de sortie par 256 afin d'obtenir une fréquence minimal de 310kHz. En dessous de cette fréquence, nous serait beaucoup mieux servi en utilisant l'oscillateur secondaire avec un quartz de 32KHz, sa plage de fonctionnement est en fait comprise entre 32 kHz et 100 kHz, ou par l'oscillateur interne LPRC fonctionnant environ à 32 kHz [1].

Comme autre moyen d'optimiser les performances, le PIC32 envoi l'horloge du système sur un autre circuit diviseur produisant le signal d'horloge PBCLK. Cette fonctionnalité est contrôlée par les bits PBDIV trouvé, aussi, à l'intérieur du registre OSCCON.

III.5.7. Timers /compteurs

Notre PIC possède 5 timers 16-bits synchrones/ asynchrones mais il peut avoir 2 timers 32-bits synchrone en combinant les timers 2/ 3 et timers 4/ 5.

-Timer 1 : Ce timer peut supporter 4 modes: timer interne synchrone, compteur interne synchrone, timer externe synchrone, timer externe asynchrone. Il peut compter des impulsions de l'horloge via un pré diviseur et des impulsions externes via la broche SOSCO/T1CK, V et il peut être utilisé en mode asynchrone avec l'oscillateur secondaire afin de fonctionner comme une horloge temps réel (RTC).

-Timer 2, 3, 4, 5 : Ils sont des timers 16-bits synchrones qui peuvent supporter 3 modes : timer interne synchrone, compteur interne synchrone et timer externe synchrone. Ils peuvent compter des impulsions extérieures ainsi que les impulsions d'horloge via un pré diviseur. Le timer 2 et timer 3 peuvent utilisés comme une base de temps pour les deux modules capture et compare/PMM.

III.5.8. Les modules : capture/ compare/PMM

Le PIC32MX795F512L possède de plus 5 modules capture et 5 modules compare/PMM. La fonction capture permet principalement de mesurer la durée d'une impulsion haute ou basse ou la période d'un signal rectangulaire. Par contre, la sortie du module compare/PMM est utilisée pour générer une impulsion unique ou un train d'impulsions en réponse à certains événements.

III.5.9. Les périphériques analogiques

III.5.9.1. Convertisseur A/ N 10-bits

Notre PIC possède un convertisseur analogique numérique 10-bit qui peut avoir jusqu'à 16 broches d'entrées analogiques, désigné AN0-AN15. En outre, il existe deux broches d'entrées analogiques pour des connexions externes de tensions de référence. L'échantillonnage analogique se compose de deux étapes: l'acquisition et la conversion. Pendant l'acquisition, la broche d'entrée analogique est connectée à un échantillonneur (SHA). Après une période suffisante, cette broche est déconnectée de l'échantillonneur pour fournir une tension d'entrée stable pour le processus de conversion. Ce processus convertit alors la tension analogique échantillonnée en une représentation binaire. Le convertisseur A/ N possède un unique SHA, c'est pourquoi il est connecté aux broches d'entrée analogique via l'entrée analogique des multiplexeurs MUXA et MUXB. Les entrées analogiques des MUXs sont contrôlées par le registre AD1CHS. Le temps de conversion est le temps requis pour le convertisseur pour convertir la tension détenue par le SHA. Lorsque le temps de conversion est terminé, le résultat est écrit dans l'un des 16 registres de résultats (ADC1BUF0... ADC1BUFF).

III.5.9.2. Comparateurs

Le PIC32MX759F512L comprend deux comparateurs analogiques. Selon le mode de fonctionnement, les entrées des comparateurs peuvent être deux broches d'entrée analogique ou d'une combinaison d'une broche d'entrée et d'une de deux tensions internes de référence. Le signal analogique présent au VIN- est comparé au signal à VIN + et la sortie numérique du comparateur est lue à travers le registre CMSTAT et le bit COUT (Comparator Output bit) du registre CM1CON ou CM2CON.

III.5.10. Les périphériques de communication

III.5.10.1. SPI

Notre PIC possède quatre modules SPI (*Serial Peripheral Interface*). Le module SPI est en fait une interface série synchrone utilisée pour communiquer avec des périphériques externes. Ces périphériques peuvent être une EEPROM série, des registres à décalage, des pilotes d'affichage et des convertisseurs A/N. Le module SPI du PIC32 est compatible avec SPI du Motorola. Il supporte le mode maître/ esclave et fonctionne pendant le mode sommeil et veille du processeur. Dans ce module, la largeur des données est configurable par l'utilisateur : 8-bits, 16-bits et 32-bits et les tampons FIFO sont séparées pour le recevoir et le transmettre. L'interface SPI sépare la ligne de données en deux, un pour l'entrée (SDIx) et un pour la sortie (SDOx) permettant le transfert simultané de données dans les deux directions et un autre ligne pour l'horloge (SCKx).

III.5.10.2. I2C

On a cinq modules I2C (*Inter-Integrated Circuit*) dans notre PIC. Comme le SPI, le I2C permet d'établir une liaison série synchrone entre deux ou plusieurs composants. Il a été créé dans la but d'établir des échanges d'information entre circuits intégrés trouvant sur la même carte. Son nom déjà traduit son origine. L'interface I2C utilise deux fils et donc deux broches du microcontrôleur: une pour l'horloge (SCLx) et une bidirectionnelle pour les données (SDAx). Il supporte à la fois le fonctionnement maître et esclave. Pour connecter plusieurs appareils à la même interface, l'interface I2C nécessite une adresse de 10 bits à être envoyée sur la ligne de données avant que les données réelles sont transférées. Cela ralentit la communication, mais permet aux deux fils (SCL et SDA) à être utilisés par plusieurs périphériques.

III.5.10.3. Port PMP

Le PMP (*Parallel Master Port*) est un module d'entrées /sorties parallèle 16-bit spécialement conçu pour communiquer avec une grande variété de périphériques parallèles, tels que les périphériques de communication parallèles et les écrans LCD.

III.5.10.4. USB

Le module USB (*Universal Serial Bus*) contient des composants numériques et analogiques pour fournir un hôte intégré USB2.0 pleine vitesse et basse vitesse, un périphérique aussi pleine vitesse, il supporte USB OTG (*ON-THE-GO* : Les périphériques compatibles avec la norme USB OTG sont capables de contrôler la connexion et échanger les rôles maître / périphérique). Ce module comprend principalement un générateur d'horloge, un comparateur de tension, un émetteur-récepteur, un moteur d'interface série (SIE), un contrôleur DMA dédié à l'USB, des résistances de pull-up et de pull-down et un registre d'interface.

Le générateur d'horloge fournit une horloge de 48 MHz. Les comparateurs de tension surveillent la tension sur la broche VBUS pour déterminer l'état du bus. L'émetteur-récepteur fournit la traduction analogique entre le bus USB et la logique numérique. Le SIE est une machine d'état qui transfère les données depuis et vers les tampons terminaux et génère le protocole de transfert. Le contrôleur DMA transfert les données entre les tampons de données dans la RAM et le SIE. Les résistances intégrées de pull-up et de pull-down éliminent le besoin de composants externes de signalisation. Le registre d'interface permet au CPU de communiquer avec ce module.

III.5.10.5. Bus CAN

Le module CAN (Controller Area Network) du pic 32MX795F512L implémente le protocole CAN 2.0B, qui est principalement utilisé dans les applications industrielles et automobiles. Ce protocole fournit des communications fiables même dans des environnements électriquement bruyants. Notre PIC intègre deux modules CAN. Chaque module supporte plusieurs fonctionnalités : il supporte un taux de bits jusqu'à 1 Mbps, possède 32 FIFOs pour la réception et la transmission des messages et chaque FIFO peut avoir jusqu'à 32 messages ce qui donne un total de 1024 messages. Son mode de fonctionnement est de faible puissance

.

III.5.10.6. Contrôleur Ethernet

Le contrôleur Ethernet fournit les modules nécessaires pour mettre en œuvre un nœud Ethernet 10/100 Mbps en utilisant une puce PHY externe. Il se compose des modules suivants

- Bloc MAC (*Media Access Control*) : responsable de la mise en œuvre des fonctions MAC de la spécification Ethernet.
- Bloc CF (*Flow Control*) : responsable de contrôle de la transmission des trames.
- Bloc RXF (*Filtre RX*): ce module effectue le filtrage sur chaque paquet reçu pour déterminer si le paquet doit être accepté ou rejeté.
- Moteurs TX DMA / TX BM: sont des moteurs de gestion des tampons qui effectuent le transfert de données de la mémoire à l'interface MAC
- Moteurs RX DMA / RX BM: sont aussi des moteurs de gestion des tampons transfèrent les paquets reçus de la MAC à la mémoire.

Ce contrôleur peut avoir un taux de transfert de 100 Mbits/s avec des opérations en mode duplex. La communication entre la couche physique et la couche MAC peut supporter le protocole MII ou RMII. L'interface MII (*Medium Indepedant Interface*), introduite par la norme 100Base-T, permet d'assurer l'indépendance de la couche MAC par rapport à la couche physique. Pour se connecter au MII, on a besoin de 16 pins : 8 pins de données et 8 de contrôle alors que pour le RMII (*Reduced MII*), il n'en faut que 7 pins : 4 pins de données et 3 de contrôle.

III.5.10.7. UART

Notre PIC possède 6 UARTs. L'UART (*Universal Asynchronous Receiver Transmitter*) est un sous-système conçu pour la transmission et la réception de données asynchrones en mode duplex ou semi-duplex. L'émetteur de l'UART accepte les caractères en parallèle et les convertit en une suite binaire. Le récepteur convertit les données séries en données parallèles. En plus de ses fonctions de conversion, l'UART remplit également des fonctions de contrôle et de commande [8].

Dans les interfaces de communication asynchrone, il n'ya pas de ligne d'horloge, alors que généralement deux lignes de données TX et RX, respectivement, sont utilisés pour l'entrée et la sortie, et éventuellement deux lignes supplémentaires CTS et RTS peuvent être utilisés pour fournir un contrôle de flux. La synchronisation entre l'émetteur et le récepteur est obtenu par l'ajout des bits de départ et d'arrêt aux données. L'UART communique avec les périphériques et les ordinateurs à travers des protocoles, tels que RS-232 et RS-485.

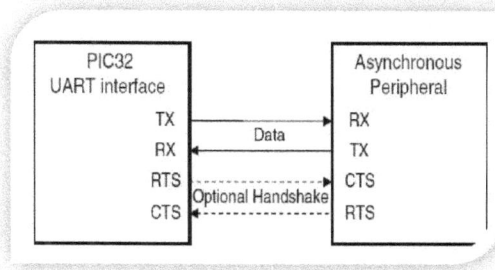

Figure III.6 : L'interface entre UART et un périphérique asynchrone

Le module UARTx est activé en réglant le bit ON du registre UxMODE à 1 (UxMODE<15>). De plus, l'émetteur et le récepteur sont activés en mettant le bit UTXEN (UxSTA <10>) et le bit URXEN (UxSTA <12>) aussi à 1. Après avoir réglé ces bits, on définit les paramètres d'initialisation notamment le nombre de bits de données, le nombre de bits d'arrêt, l'utilisation ou non de pins de contrôle ainsi que la parité. Tous ces paramètres sont réglés aussi à travers le registre UxMODE.

III.6. Conclusion

Dans ce chapitre, on a présenté la nouvelle famille des microcontrôleurs PIC 32 en étudiant les principales caractéristiques ainsi que les principaux périphériques du PIC32MX795F512L, le pic qu'on va exploiter dans notre application de calibration.

Chapitre IV :

Modélisation logicielle de l'application de la calibration

Chapitre IV : Modélisation logicielle de l'application de la calibration

IV.1. Introduction

L'objet de ce chapitre est de présenter la stratégie de test calibration du compteur X16, et de présenter également la modélisation logicielle de l'application effectuée par le langage de modélisation standard UML.

IV.2. Energie électrique

Un compteur électrique est un organe électrotechnique servant à mesurer la quantité d'énergie électrique consommée dans un milieu comme habitation ou industrie. Avant de détailler les différentes étapes effectuées pour calibrer et régler un tel compteur, il semble nécessaire de définir cette énergie ainsi que ses types : fondamental et harmonique.

IV.2.1. Energie active, réactive, apparente

L'énergie électrique n'est pas une énergie primaire, c'est à dire qu'il faut une autre énergie en amont pour la produire. Ce n'est ni une énergie fossile, ni une énergie renouvelable mais plutôt une énergie qui apparaît chaque fois qu'une tension s'accompagne d'une circulation de courant. Cette énergie est utilisée directement pour produire de la lumière ou de la chaleur. L'unité de mesure de l'énergie électrique est le Watt/heure (symbole Wh) qui représente l'énergie consommée par un appareil de puissance 1 watt fonctionnant pendant 1 heure.

Toute machine électrique utilisant le courant alternatif met en jeu deux formes d'énergie : l'énergie active et l'énergie réactive. L'énergie active consommée (kWh) résulte de la puissance active P (kW) des récepteurs. Elle se transforme intégralement en énergie mécanique (travail) et en chaleur (pertes). L'énergie réactive consommée (kvarh) sert essentiellement à l'alimentation des circuits magnétiques des machines électriques. Elle correspond à la puissance réactive Q (kvar) des récepteurs. L'énergie apparente (kVAh) est la somme vectorielle des deux énergies précédentes. Elle correspond à la puissance apparente S (kVA) des récepteurs, somme vectorielle de P (kW) et Q (kvar).

IV.2.2. Type d'énergie électrique

Il existe deux types de charge : [7]

> Charge linéaire : Une charge est dite "linéaire" si le courant qu'elle absorbe est sinusoïdal lorsqu'elle est alimentée par une tension sinusoïdale. Ce type de récepteur ne génère pas d'harmonique.

> Charge non linéaire : Une charge est dite "non linéaire" si le courant absorbé n'est pas sinusoïdal lorsqu'elle est alimentée par une tension sinusoïdale. Ce type de récepteur est générateur d'harmoniques. Ex : alimentations à découpage, convertisseurs, redresseur…

On parle d'une énergie fondamental lorsqu'il s'agit d'un milieu où il ya que des charges linéaires. Les courants fondamentaux sont des sinusoïdes de fréquence égale à celle du réseau électrique qui est la fréquence fondamentale.

L'existence des courants harmoniques est dû au fait que la tension électrique délivrée n'est pas parfaitement sinusoïdale. Ils ne proviennent en général pas de l'alimentation mais du réseau client : les centrales électriques générant des tensions normalement sinusoïdales, les courants harmoniques sont en général dus à la présence d'une charge électrique non linéaire dans un réseau électrique.

Les courants harmoniques sont les composantes sinusoïdales d'un courant électrique périodique décomposé en série de Fourier. Les harmoniques ont une fréquence multiple de la fréquence fondamentale, généralement de 50 ou 60 hertz dans les réseaux électriques. Pour une alimentation de 50 Hz, la troisième harmonique, par exemple, aura une fréquence de 150 Hz et la cinquième de 250 Hz. La figure suivante illustre l'onde sinusoïdale fondamentale avec la troisième et la cinquième harmonique :

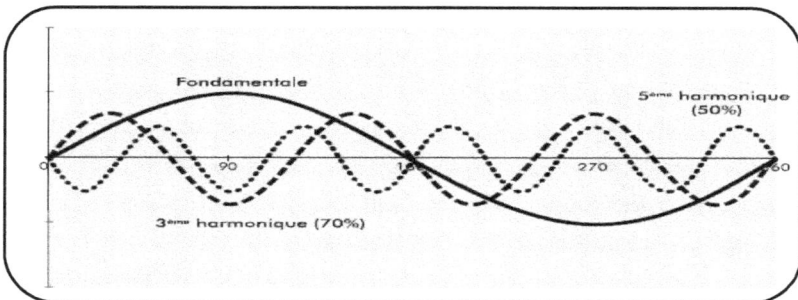

Figure IV.1 : Onde fondamentale avec la troisième et la cinquième harmonique

IV.2.3. Facteur de puissance

Le facteur de puissance d'une installation est le quotient de la puissance active en W consommée par l'installation sur la puissance apparente en VA fournie à l'installation. Il est égal au cosinus de l'angle de déphasage φ entre la puissance active et la puissance apparente. Un facteur de puissance proche de 1 optimise le fonctionnement de l'installation.

$$FP = \frac{P}{S} = \frac{\text{Puissance active (W)}}{\text{Puissance apparente (VA)}} = \text{Cos } \varphi$$

Il est possible d'exprimer la tg φ avec :

$$\text{tg } \varphi = \frac{P}{S} = \frac{\text{Puissance réactive (VAR)}}{\text{Puissance active(W)}}$$

Dans un milieu où il n'y a que des charges linéaires, le facteur de puissance est tout simplement le Cosinus de l'angle de phase Θ entre la tension et le courant.

→ Dans un milieu non harmonique : PF = Cos Θ.

En présence de charges non linéaires, Le Cos Θ n'est plus applicable, on parlera du facteur de puissance :

→ Dans un milieu harmonique : FP < Cos Θ.

IV.3. Commandes utilisées pour le compteur

Les deux microcontrôleurs de la carte micro du compteur X16 sont accessibles par l'intermédiaire d'une interface UART à 9.6kb/s lorsque le compteur est ouvert et par une liaison optique lorsqu'il s'agit d'une boite fermée à 19.2kb/s, tout ça uniquement lorsque le produit est en mode 'fab' c'est-à-dire en mode fabrication. Le compteur reste en mode 'fab' jusqu'à ce qu'une commande lui demande de sortir de ce mode. Pendant toute la durée du mode 'fab', la LED verte du compteur clignote afin d'identifier cet état.

La communication avec le compteur s'effectue à l'aide d'un protocole des commandes spécifiques requiert l'utilisation de sous-menu. En tapant sous ce protocole la commande « ? » ou « Help », l'ensemble de toutes les commandes disponibles et leur syntaxe sera afficher.

Le processus de la calibration est réalisé à travers la liaison optique infrarouge et l'interface de menu racine CLI. Pour activer le menu de la calibration, on doit entrer la commande CALI <CR> dans le menu racine.

Sous ce menu, nous pouvons choisir la phase d'étalonnage et la gamme à régler, commencer la mesure de la puissance, exécuter le réglage du compteur et obtenir des paramètres métrologiques.

Les commandes liées au processus de la calibration sont les suivantes :

IV.3.1. Commande START

Syntaxe : START<CR>

Action : Cette commande remet à zéro les accumulateurs internes de réglage.

Retourne : « OK » ou « KO ».

IV.3.2. Commande GO

Syntaxe: GO <g>;< it> ;< CR> avec:

<g>: gamme du courant -0 : faible courant

                       -1 : fort courant

<it> : nombre d'itération 'Nbre50Cycle' (en hexadécimal).

Action : Cette commande lance une mesure de puissance sur la gamme sélectionnée durant la durée <it>.

Retourne : ' OK ' ou ' KO '.

IV.3.3. Commande CALSET

Syntaxe :

 CALSET <p>;<h>;<g>;<kcos>;<ksin>;<ku>;<ki>;<pthr>;<qthr>;<vthr>;<ithr>;<kvnc>;

<kinr>;<kpn>;<kqn>:<CR> avec :

<p>: phase sélectionnée.

<h>: type d'énergie : harmonique : 0 ou fondamentale : 1.

<g> : gamme du courant : fort ou faible.

<kcos> : gain de facteur de l'énergie (en hexadécimal).

<ksin> : gain de sin de l'angle entre l'énergie active et l'énergie apparente (en hexadécimal).

<ku> : gain de tension (en hexadécimal).

<ki>: gain de courant (en hexadécimal).

<pthr> : seuil de mesure de la puissance active (en hexadécimal).

<qthr> : seuil de mesure de la puissance réactive (en hexadécimal).

<vthr> : seuil de mesure de la tension (en hexadécimal).

<ithr> : seuil de mesure du courant (en hexadécimal).

<kvnc> : correction de bruit de la tension (en hexadécimal).

<kinc> : correction de bruit du courant (en hexadécimal).

<kpn> : correction de bruit de la puissance active (en hexadécimal).

<kqn> : correction de bruit de la puissance réactive (en hexadécimal).

Action : Cette commande programme les valeurs de réglage.

Retourne : « OK » ou « KO ».

IV.3.4. Commande CALGET

Syntaxe: CALGET <p>;< h> ;<g>;< CR>

Action : Cette commande affiche les paramètres de réglage programmés dans la commande GALSET.

Retourne : tous les paramètres décrits dans la commande précédente.

IV.3.5. Commande STOP

Syntaxe: STOP <action> ;< CR>

Action : Cette commande permet de retourner dans le mode 'libre' c'est-à-dire rendre automatiquement la détermination de la gamme des courants. L'argument <action> permet de sauvegarder en EEPROM les données programmées s'il est à 1 sinon vaut 0 dans le cas ou il n'ya pas de sauvegarde.

Retourne : ' OK ' ou ' KO '.

IV.3.6. Commande MESGET

Syntaxe: MESGET <p> ;< h> ;< CR> avec:

 <p>: phase sélectionnée.

<h> : type de l'énergie.

 Action : Cette commande permet de récupérer les valeurs cumulées de la gamme forcée par la commande GO.

Retourne : en retour les informations suivantes sont fournies :

➢ Numéro d'itération actuelle : évolue de 1 à 'Nbre50Cycle' programmé (en hexadécimal).
➢ 'Nbre50Cycle' programmé par la commande GO (en hexadécimal).
➢ Gamme actuelle utilisée.
➢ Cumul da la puissance active pour le nombre actuel d'itération du type défini dans GALSET (en hexadécimal).
➢ Cumul da la puissance réactive pour le nombre actuel d'itération du type défini dans GALSET (en hexadécimal).
➢ Cumul de U pour le nombre actuel d'itération (en hexadécimal).
➢ Cumul de I pour le nombre actuel d'itération (en hexadécimal).
➢ Cumul de fréquence du secteur.

IV.3.7. Commande MTRGET

Syntaxe: MTERGET <p>;<h>;< CR>

Action : Cette commande donne les informations métrologiques instantanées.

Retourne :

➢ Puissance active (mW).
➢ Puissance réactive (mVar).
➢ Puissance apparente (mVA).
➢ Valeur de la tension (mV).
➢ Valeur du courant (mA).

> Fréquence (mHz).
> ' OK ' ou ' KO '.

IV.4. Commandes utilisées pour l'étalon

L'étalon SRS 121.3 décrit dans le chapitre II communique avec son environnement via une interface série RS232. Comme le compteur X16, l'exploitation de ses valeurs de mesure est effectuée en utilisant des commandes spécifiques.

Les commandes utilisées dans le processus de calibration sont :

> La commande ?1<CR> pour la lecture du courant.
> La commande ?2<CR> pour la lecture de la tension.
> La commande ?3<CR> pour la lecture de la puissance active.
> La commande ?4<CR> pour la lecture de la puissance réactive.

IV.5. Commandes utilisées pou le générateur

Le générateur SPE 120.3 est aussi contrôlé via l'interface standard RS232. Les commandes qui permettent de programmer l'étalon et le compteur avec les consignes de chaque point de réglage sont :

> La commande U <Ph>, <Vlt><CR> avec Vlt la valeur de la tension et Ph la phase.
> La commande I <Ph>, <Cur><CR> avec Cur la valeur du courant et Ph la phase.
> La commande W <Ph>, <Phi><CR> avec Phi la valeur de déphasage et Ph la phase.
> La commande FRQ <Freq><CR> avec Freq la valeur de la fréquence du secteur.
> La commande OFF <CR> pour arrêter le générateur.

IV.6. Stratégie du test calibration X16

L'application de calibration sert à :

> Calibrer le compteur en trois points de réglage :

• Point 1 : pour U=230V, I=40A et déphasage=45°.
• Point 2 : pour U=230V, I=7A et déphasage=45°.
• Point 3 : pour U=230V, I=250mA et déphasage=45.

> Vérifier la métrologie du compteur en deux points:

- Point1 : Gamme faible courant : U=230V, I=5A et déphasage=45°.
- Point2 : Gamme fort courant : U=230V, I=15A et déphasage=45°.

Pour toutes les étapes de réglage et de la vérification de la métrologie du compteur, on a une tension commune de 230V et un déphasage commun de 45°.

Pour le premier point de réglage, on va régler le gain de la gamme fort courant en corrigeant les coefficients kcos, ksin, ki et ku de cette gamme. Pour le deuxième point c'est-à-dire pour un courant de 7A, on va régler le KcosNoise et le KsinNoise qui correspondent au bruit de la gamme fort courant et aussi de régler le gain de la gamme faible courant. Pour le dernier point, on va corriger le bruit de la gamme faible courant. Donc, la phase de la calibration du compteur X16 est subdivisée en quatre étapes :

➢ Réglage de gain pour la gamme fort courant et la gamme faible courant.
➢ Réglage de bruit ou bien de l'offset aussi pour les deux gammes.

Le compteur X16 possède deux chaînes de mesures indépendantes : chaîne de mesure pour le fort courant et chaîne de mesure pour le faible courant. Chaque chaîne comprend deux registres principaux l'un pour les mesures de l'harmonique et l'autre pour les mesures du fondamental. L'accumulation des données au cours de la calibration se fait à travers ces registres. Au cours de la calibration, on sélectionne la chaîne de mesure à régler ainsi que le type de l'énergie afin de pointer au registre correspondant.

Après la calibration de compteur en ces trois points, on peut considérer que le compteur est bien calibré mais toujours une étape de vérification est nécessaire pour être sur de l'exactitude et de la précision de notre compteur. Pour cela il est nécessaire de vérifier la métrologie du compteur pour les deux gammes du courant en calculant cette fois les valeurs des erreurs de la tension, du courant, de la puissance active et réactive en harmonique et en fondamental, et suivant une plage de tolérance pour chaque paramètre, le compteur va être considéré comme conforme ou non conforme.

IV.7. Modélisation logicielle

Avant de faire le développement du programme, une phase de formalisation est nécessaire pour la construction d'un système informatique. La modélisation de notre application est effectuée par le langage de modélisation standard UML (*Unified Modeling Language*).

UML est une méthode de modélisation orientée objet développée en réponse aux propositions lancées par l'OMG (*Object Management Group*) dans le but de définir la notation standard pour la modélisation des applications construites à l'aide d'objets. Elle est héritée de plusieurs autres méthodes telles que OMT (*Object Modeling Technique*) et OOSE (*Object Oriented Software Engineering*) [4].

UML est une méthode qui utilise une représentation graphique. L'usage d'une représentation graphique est un complément excellent pour celui de la représentation textuelle. En effet, l'une comme l'autre sont ambiguës mais leur utilisation simultanée permet de diminuer les ambiguïtés de chacune d'elle. Un dessin permet bien souvent d'exprimer clairement ce qu'un texte exprime difficilement et un bon commentaire permet d'enrichir ce dessin. Cette modélisation graphique et textuelle destiné à comprendre et décrire des besoins, spécifier et documenter des systèmes, esquisser des architectures logicielles et concevoir des solutions logicielles. Ce langage comporte treize types de diagrammes. (Voir annexe C)

Pour ce projet, les deux diagrammes adoptés pour l'application de la calibration X16 sont: le diagramme de cas d'utilisation et le diagramme d'état-transition.

IV.7.1. Diagramme de cas d'utilisation

Le diagramme de cas d'utilisation est utilisé pour donner une vision globale du comportement fonctionnel d'un système logiciel. Il est une unité significative de travail qui évoque l'interaction entre un utilisateur et un système.

Dans un diagramme de cas d'utilisation, les utilisateurs sont des acteurs qui fournissent de l'information en entrée au système et reçoivent de l'information en sortie. Ces acteurs interagissent avec le cas d'utilisation dont le but est de comprendre et structurer les besoins du client, une fois identifiés et structurés, ces besoins permettent de définir le but à atteindre et d'identifier les fonctionnalités principales du système.

Nous pouvons identifier trois acteurs pour notre système :

- **Programmeur :** C'est l'acteur principal du système qui peut exécuter tous les séquences de test : lancer l'application, contrôler les résultats, modifier et améliorer le processus de la calibration.

- **Technicien :** Il a pour rôle de maintenir le bon fonctionnement du système et peut aussi exécuter les tâches de l'opérateur.

- **Opérateur** : Le rôle de cet acteur se limite à exécuter les étapes de teste : mettre le compteur dans le posage et lancer l'application.

Ce modèle conceptuel doit alors permettre une meilleure compréhension du système et servir d'interface entre tous les acteurs du projet.

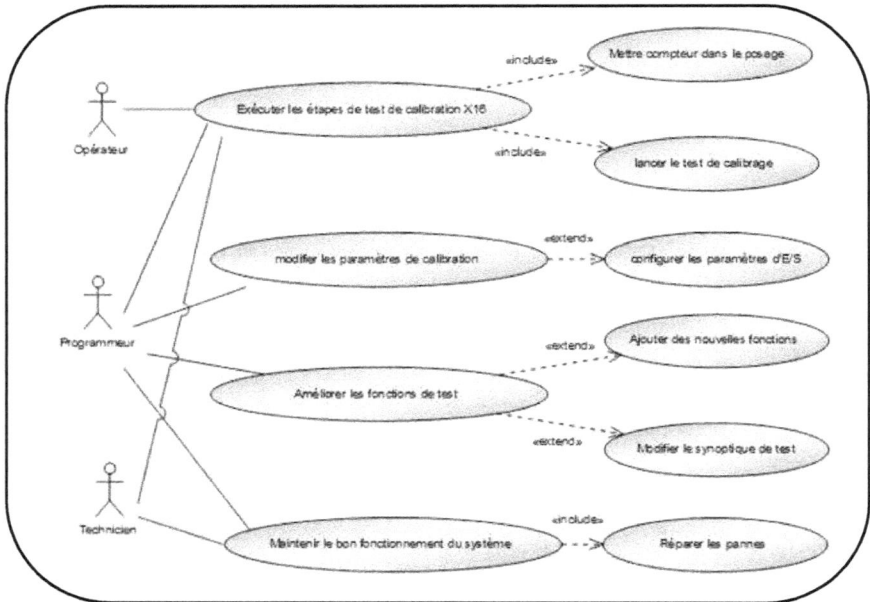

Figure IV.2 : Diagramme de cas d'utilisation de l'application de la calibration X16

IV.7.2. Diagramme d'état- transition

Le diagramme d'états-transitions permet de décrire les changements d'états d'un objet ou d'un composant, en réponse aux interactions avec les autres objets/composants ou avec les acteurs.

Les diagrammes d'états- transitions ci-dessous, montre les differentes états par lesquels passe le système de calibration du produit X16.

Le programme démarre en appuyant sur le bouton de démarrage après de vérifier que le compteur est bien inserer dans le posage. Après un cycle de test de 4 minutes en moyenne, le système reboucle la séquence si la condition de retrait de l'unité testé et l'insertion d'une nouvelle unité est respecté.

IV.7.2.1. Organigramme de la calibration

L'organigramme de l'application calibration est le suivant :

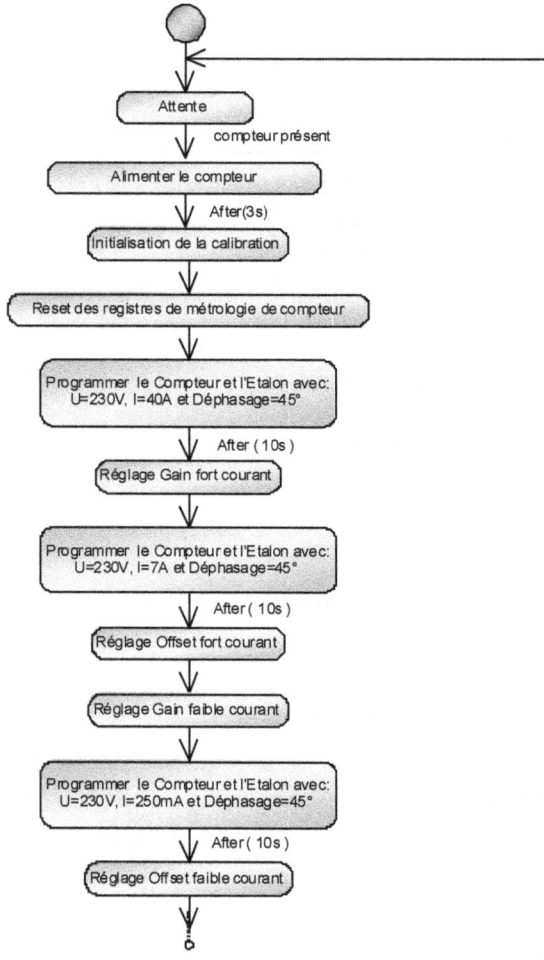

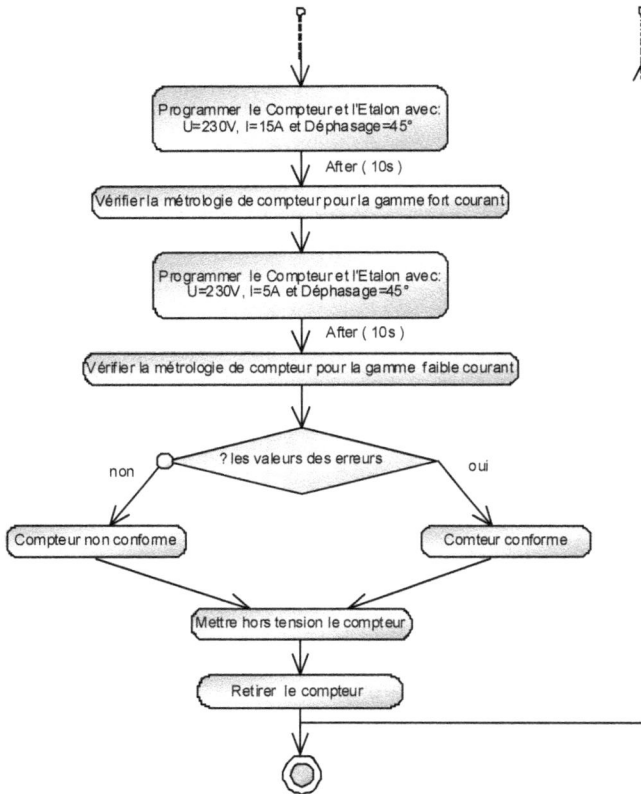

Figure IV.3: Organigramme de la calibration X16

IV.7.2.2. Initialisation de la calibration

Avant d'effectuer les quatre étapes du réglage, une phase d'initialisation est nécessaire. Cette étape consiste à envoyer au générateur les commandes nécessaires afin d'alimenter le compteur avec une tension de 230V, une fréquence de 50Hz, un courant nul et un déphasage nul, d'entrer au menu « cosem » pour lire le numéro de série du compteur, d'entrer par la suite au menu de la calibration afin de programmer les paramètres de réglage par défaut et de les sauvegarder en mémoire.

Le diagramme d'état- transition de cette étape est le suivant :

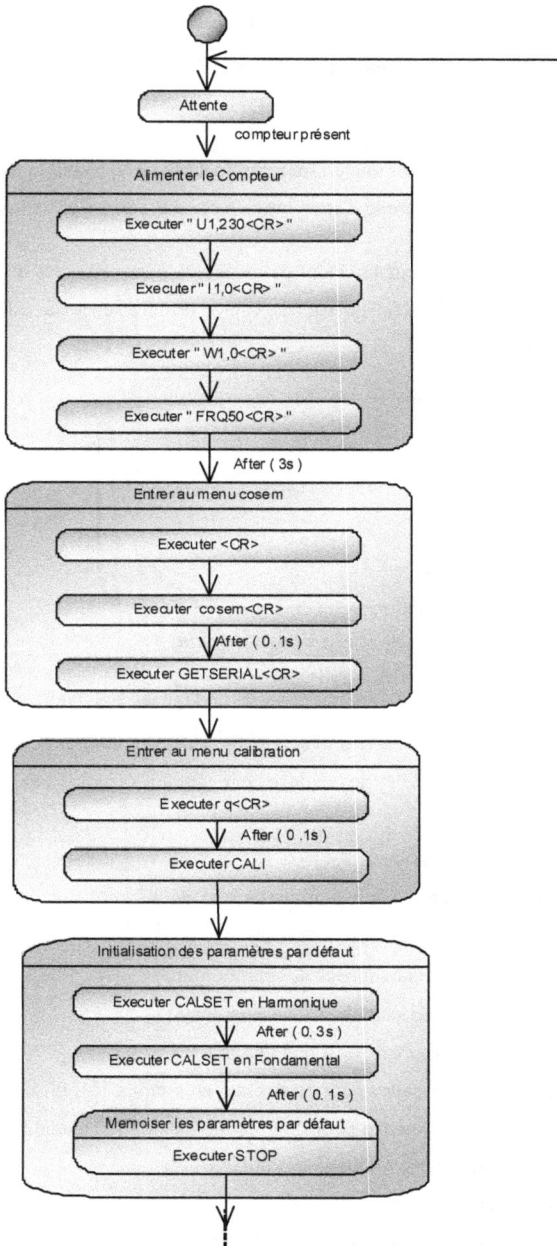

Figure IV.4 : Diagramme d'état- transition de l'initialisation du processus de la calibration

IV.7.2.3. Première étape : réglage du gain du fort courant

Concernant cette étape, on programme l'étalon et le compteur avec les consignes du premier point : U = 230V, I = 40A et déphasage = 45°.

L'erreur de gain ou bien d'échelle est une erreur reproductible qui dépend de façon linéaire de la grandeur mesurée, elle est susceptible d'être éliminée par des corrections convenables.

Toutes les formules nécessaires pour le calcul de différents paramètres de réglage de toutes les étapes de l'application sont définies dans le cahier de charge de la calibration. (Voir annexe B)

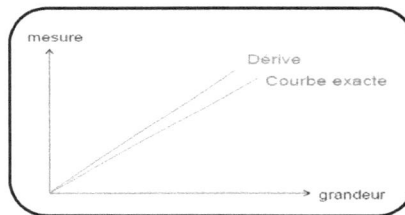

Figure IV.5 : Erreur de gain

La séquence de la calibration pour ce premier point de réglage est la suivante :

1- Programmer l'étalon et le compteur avec les consignes du premier point.

2- Faire appel aux paramètres de réglage par défaut programmés de l'étape de l'initialisation.

3- Lancer une mesure de puissance

-Initialiser les accumulateurs internes de réglage.

-Lancer la mesure de puissance pendant 3s.

-Récupérer les valeurs cumulées de l'harmonique.

-Récupérer les valeurs cumulées du fondamental.

4- Lecture les valeurs de mesure à partir de l'étalon

5- Effectuer les calculs nécessaires pour déterminer au premier lieu ki, kv et ksin.

6- Programmer ces trois paramètres pour l'harmonique et le fondamental.

7- Refaire l'étape 3: lancer une nouvelle mesure.

8- Calculer les dernières valeurs de ksin et kcos.

9- Programmer ces dernières valeurs pour l'harmonique et le fondamental.

10- Sauvegarder en eeprom les données programmées du fort courant.

Le diagramme d'état- transition qui décrit l'étape de réglage du gain pour le fort courant est le suivant :

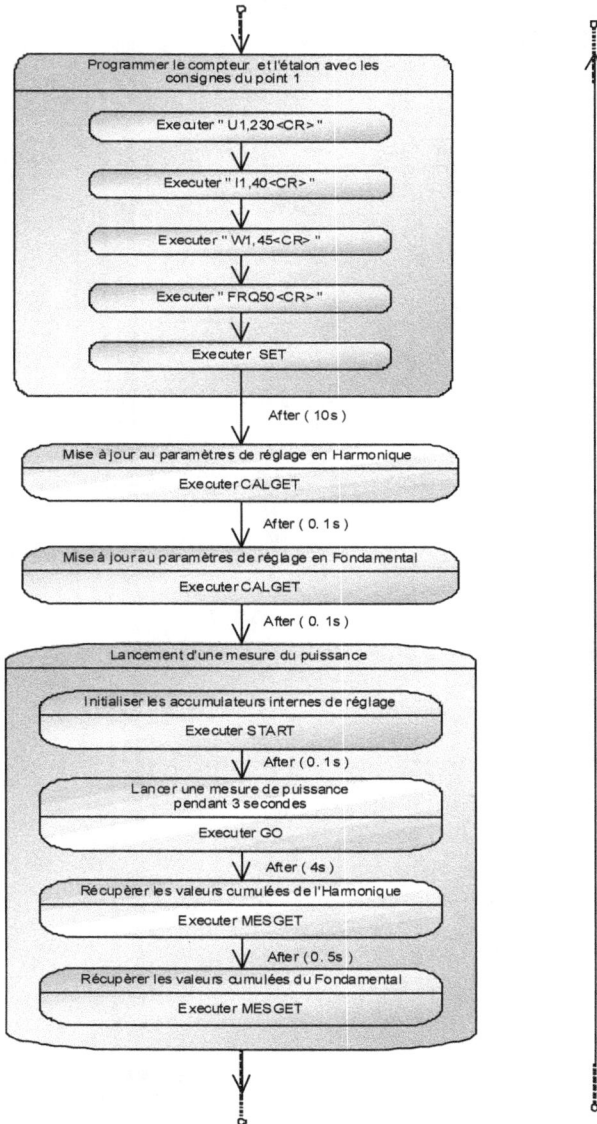

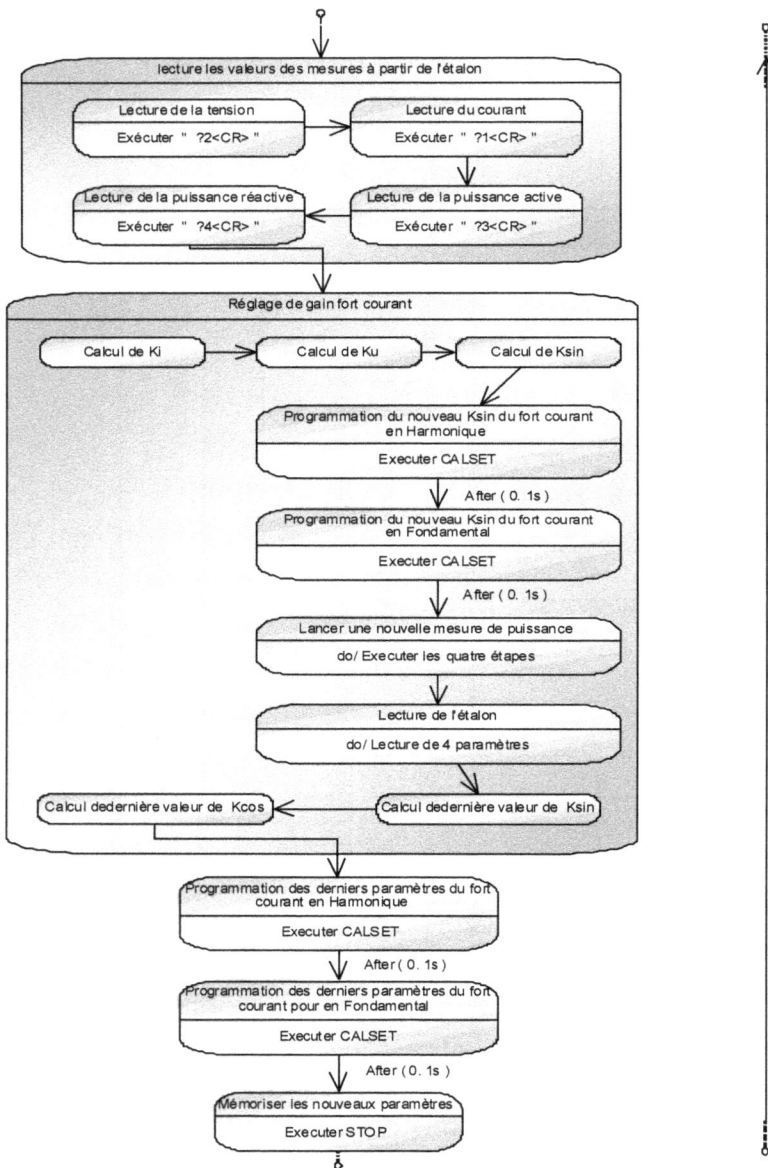

Figure IV.6 : Diagramme d'état- transition de calibration de la première étape du réglage

IV.7.2.4. Deuxième étape : Réglage du bruit de la gamme fort courant

Pour cette étape, on programme l'étalon et le compteur avec les consignes de deuxième point : U = 230V, I = 7 et déphasage = 45°

On parle d'erreur de décalage ou de l'offset, si on obtient une lecture autre que zéro pour un état zéro.si l'offset est une constante, cette faille affecte seulement l'exactitude des lectures. En contre partie, elle affecte à la fois la précision et l'exactitude si elle n'est pas constante.

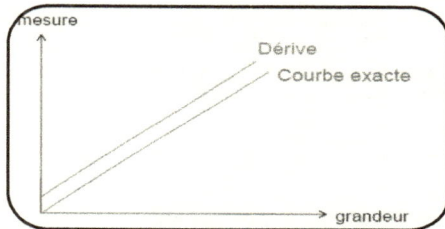

Figure IV.7 : Erreur de zéro ou offset

La séquence de réglage du bruit de la gamme fort courant est la suivante :

1- Programmer l'étalon et le compteur avec les consignes du deuxième point.

2- Lancer une mesure de puissance

3- Lecture des valeurs de mesure à partir de l'étalon

4- Calculer BruitP et BruitQ.

5- Programmer le compteur avec kcosNoise = 0x1000 et ksinNoise = 0 pour l'harmonique et le fondamental.

6- Lancer une nouvelle mesure de puissance.

7- Calculer le kcosNoisDefinitif.

8- Programmer le compteur avec ksinNoise = 0x1000 et kcosNoise = 0 pour l'harmonique et le fondamental.

9- Lancer une autre mesure de la puissance

10- Calculer le ksosNoisDefinitif.

11- Programmer les dernières valeurs calculées de ksinNoise et kcosNoise pour l'harmonique et le fondamental.

12- Sauvegarder les dernières données programmées.

Le diagramme d'état- transition qui décrit l'étape de réglage du bruit de la gamme fort courant est le suivant :

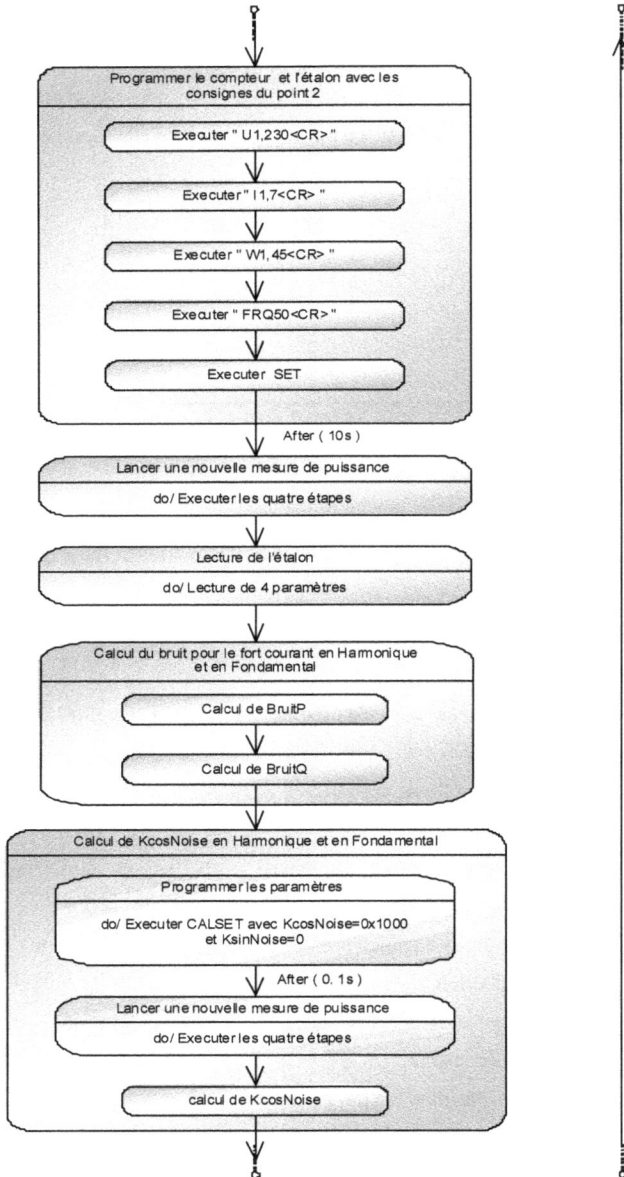

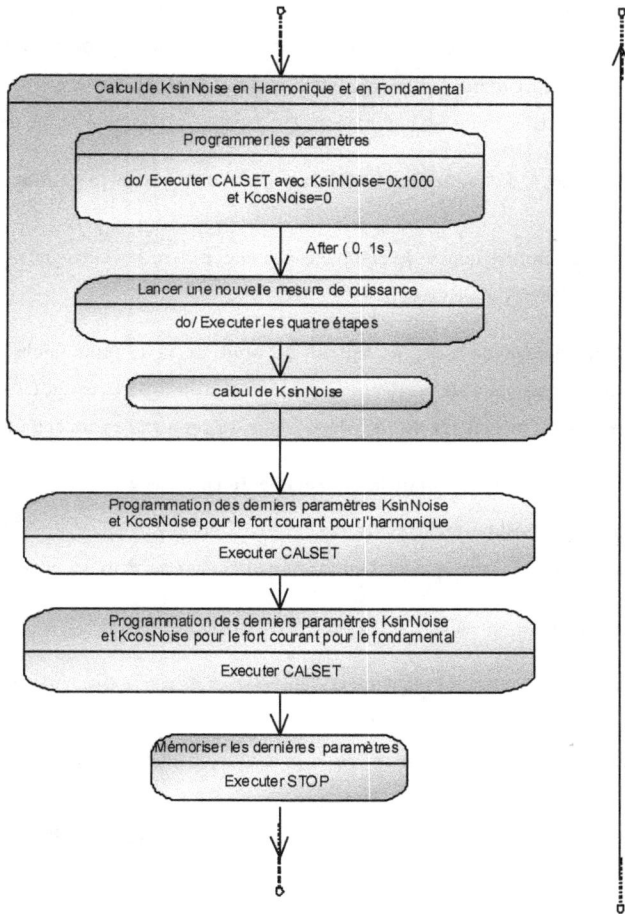

Figure IV.8 : Diagramme d'état- transition de la deuxième étape de la calibration

IV.7.2.5. Troisième étape : Réglage de gain du faible courant

On corrige le gain de la gamme faible courant en programmant le compteur et l'étalon avec les mêmes consignes du deuxième point c'est-à-dire avec : U = 230V, I = 7A et déphasage = 45°.

Le réglage du gain du faible courant est exactement pareil à celui du fort courant. La seule différence se trouve au niveau de choix de la chaîne de mesure qu'on va régler. On va sélectionner cette fois la gamme faible courant en mettant le paramètre <g> qui identifie la gamme de courant à 0 dans toutes les commandes ayant parmi ses paramètres ce dernier.

IV.7.2.6. Quatrième étape : Réglage du bruit pour de la gamme faible courant

Pour ce réglage, on programme le compteur et l'étalon avec les consignes de troisième point : U = 230V, I=250mA et déphasage = 45°.

Comme le cas du réglage de gain, le réglage de bruit de la gamme faible courant est exactement le même que celui de la gamme fort courant à la différence qu'on va forcer la gamme de faible courant en mettant <g> à 0 dans toutes les commandes concernées.

IV.7.2.7. Vérification de la métrologie du compteur

Après la phase de calibration, une phase de vérification est nécessaire. On vérifie la métrologie du compteur en harmonique et en fondamental pour les deux gammes de courant.

Au cours de la vérification, on calcule seize valeurs d'erreurs :

- Quatre Valeurs de l'erreur de la tension en harmonique et en fondamental pour les deux gammes de courant.
- Quatre Valeurs de l'erreur du courant en harmonique et en fondamental pour les deux gammes de courant.
- Quatre Valeurs de l'erreur de la puissance active en harmonique et en fondamental pour les deux gammes de courant.
- Quatre Valeurs de l'erreur de la puissance réactive en harmonique et en fondamental pour les deux gammes de courant.

On calcul l'erreur de la tension comme suit :

$$Erreur\ de\ la\ tension = ((UEtalon - UCpt) / UEtalon) * 100$$

Toutes les autres valeurs d'erreurs se calculent de la même façon.

Le digramme d'état- transition de l'étape de la vérification de la métrologie de compteur de la gamme fort courant est le suivant

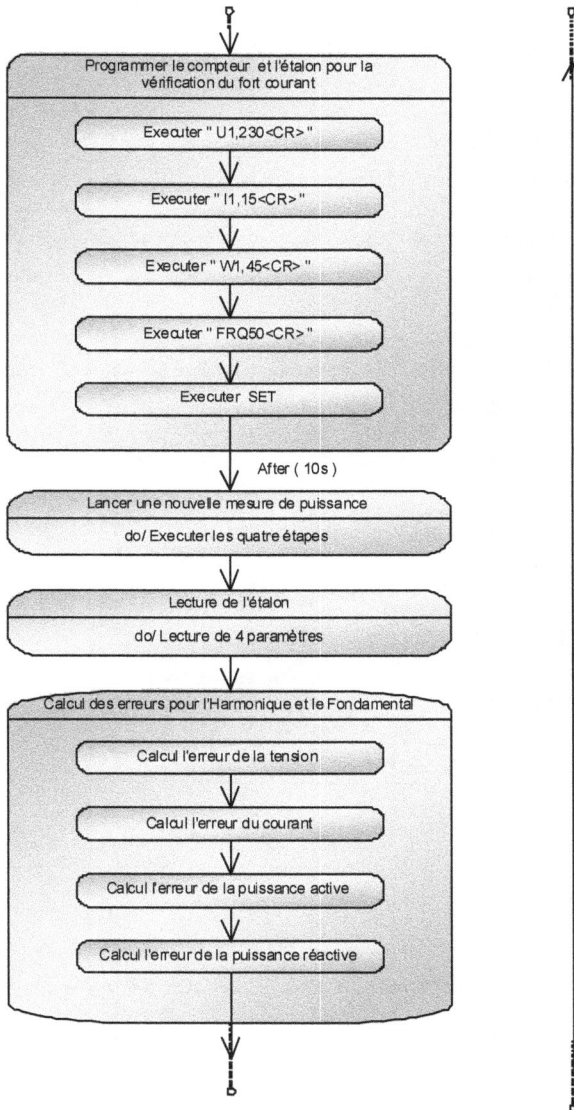

Figure IV.9 : Diagramme d'état- transition de la vérification de la métrologie

Après le calcul de ces valeurs, on les compare avec une plage de tolérance spécifique pour chaque paramètre. Pour les deux gammes de courant, on se limite de vérifier les deux valeurs d'erreurs suivantes:

> Pour la puissance active : l'erreur en harmonique doit être inférieure à 0.6%.
> Pour la puissance réactive : l'erreur en fondamental doit être inférieure à 1%.

Dans le cas ou ces quatre valeurs sont bien compris dans leur plage de tolérance, on considère le compteur comme conforme, dans le cas contraire, le compteur est considéré comme non conforme.

On finit le processus de la calibration par mettre hors tension le compteur, retirer le compteur testé et reboucler l'application si une nouvelle unité est bien insérée dans le posage.

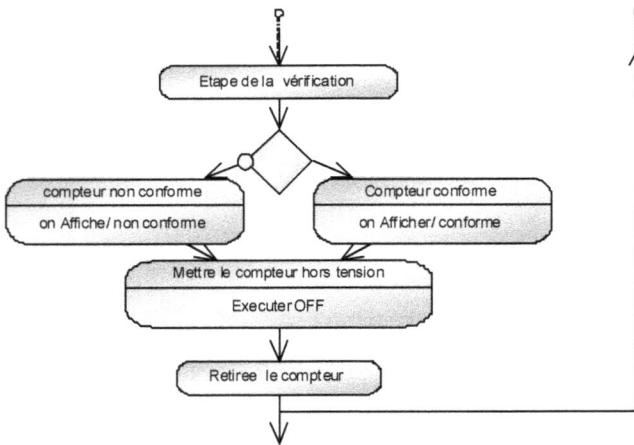

Figure IV.10 : Diagramme d'état- transition représentant la fin de la calibration

IV.8. Conclusion

Ce présent chapitre a été dédié à présenter la stratégie de la calibration du compteur X16 ainsi que la modélisation logicielle de l'application qui est considérée comme une étape très importante dans le développement des applications informatiques.

Chapitre V :

Environnement de développement et réalisation pratique

Chapitre V : Environnement de développement et réalisation pratique

V.1. Introduction

On va présenter dans ce chapitre l'environnement de développement MPLAB, ses outils logiciels et matériels utilisés dans notre projet ainsi que les résultats de simulation. On finit ce document par une présentation de la carte de développement Explorer 16 ainsi que par la réalisation d'une carte d'interface RS232.

V.2. Environnement de développement

V.2.1. MPLAB IDE [5]

Microchip a un grand ensemble d'outils de développement logiciels et matériels intégrés au sein d'un logiciel appelé *MPLAB Integrated Development Environment* afin de nous aider à concevoir des applications embarqués.

Construit dans MPLAB IDE, un éditeur de programmeur, un gestionnaire de projet et de puissants outils de débogage. D'autres outils libre sont des éléments standard de MPLAB IDE, l'assembleur MPASM, MPLINK / Mplib l'éditeur de liens et de bibliothèque, ainsi que MPLAB SIM, le simulateur logiciel. Les compilateurs C MPLAB fonctionnent de façon transparente au sein de cet environnement. Les outils matériels comprennent les programmeurs et les débogueurs ainsi que des émulateurs de circuit complexes. Les plug-ins comprennent des tierces partis des compilateurs C, systèmes d'exploitation temps réel, surveillance de données et contrôle d'interface graphique, ainsi que des bibliothèques qui peuvent être liés à nos propres applications spécifiques.

Voici un aperçu de MPLAB IDE et les catégories d'outils logiciels et matériels qui y sont intégrés:

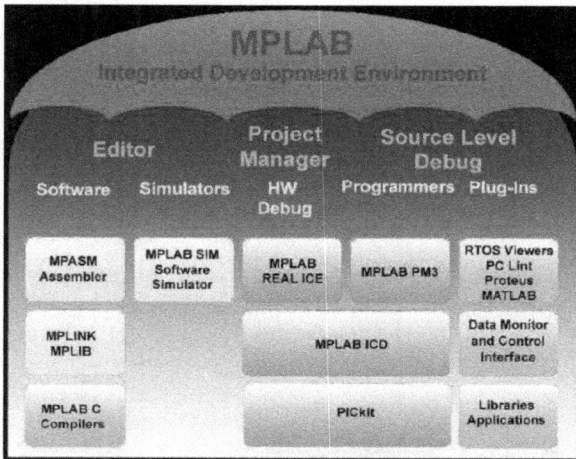

Figure V.1 : Outils de développement de MPLAB IDE

V.2.2. Création du projet

Avant de commencer, il faut installer MPLAB avec une version 8.xx et le compilateur C32. Sous Mplab :

1- On clique sur Project →Set Language Tool Locations → choisir le Microchip PIC32 C-Compiler Toolsuite et cocher le MPLAP C32 C Compiler (pic32-gcc.exe), MPLAP ASM32 Assembler (pic32-as.exe) et MPLAP LINK32 Object Linker (pic32-ld.exe) afin d'indiquer leurs chemins de location.

2- Project →Project Wizard →Select a device : on choisit le PIC32MX795F512L
→ Dans ' Select a language toolsuite', on sélectionne le contenu de 'Toolsuite Contents' et vérifier le chemin de location.
→ Dans 'Create New Project File', on clique sur 'Brows 'afin d'enregistrer et nommer notre projet : calibrationX16.
→ On clique sur 'Finish', un projet et espace de travail ont été créés : calibrationX16.mcw est le fichier de l'espace de travail et calibrationX16.mcp est le fichier de projet.

3- On clique sur File → New pour créer des nouveaux fichiers.

La figure suivante montre tous les fichiers source '.c' et les fichiers *header* '.h' de notre application de calibration. Le fichier calibrationX16.c contient la fonction principale main ().

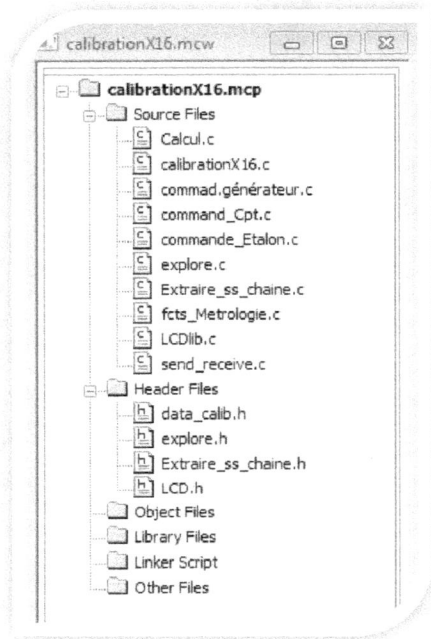

Figure V.2 : les différents fichiers de l'application de calibration

V.2.3. Compilation du projet

La chaine de compilation de l'application se décompose en deux éléments :

➤ Le compilateur MPLAP C32 qui permet de transformer chaque fichier (.c) en un fichier (.o). Ce fichier n'est pas encore un exécutable complet puisque touts les adresses des fonctions et de variables ne sont pas encore définis.

➤ L'éditeur de liens MPLIK qui permet de fusionner tous les fichiers (.o) en un seul fichier (.hex) pouvant être chargé dans le microcontrôleur.

L'éditeur de liens MPLIK prend soin de mettre le code en mémoire, il précise les emplacements de chaque portion de code en mémoire programme et chaque portion de variable en RAM.

La compilation de notre projet est achevée avec succès.

```
Executing: "C:\Program Files\Microchip\MPLAB C32 Suite\bin\pic32-gcc.exe" -mprocessor=32MX795F512L -x c -c "command_Cpt.c" -o"command_Cpt.o" -MMD -MF"command_Cpt.d" -g
Executing: "C:\Program Files\Microchip\MPLAB C32 Suite\bin\pic32-gcc.exe" -mprocessor=32MX795F512L -x c -c "explore.c" -o"explore.o" -MMD -MF"explore.d" -g
Executing: "C:\Program Files\Microchip\MPLAB C32 Suite\bin\pic32-gcc.exe" -mprocessor=32MX795F512L -x c -c "LCDlib.c" -o"LCDlib.o" -MMD -MF"LCDlib.d" -g
Executing: "C:\Program Files\Microchip\MPLAB C32 Suite\bin\pic32-gcc.exe" -mprocessor=32MX795F512L -x c -c "send_receive.c" -o"send_receive.o" -MMD -MF"send_receive.d" -g
Executing: "C:\Program Files\Microchip\MPLAB C32 Suite\bin\pic32-gcc.exe" -mprocessor=32MX795F512L -x c -c "Extraire_ss_chaine.c" -o"Extraire_ss_chaine.o" -MMD -MF"Extraire_ss_chaine.d" -g
Executing: "C:\Program Files\Microchip\MPLAB C32 Suite\bin\pic32-gcc.exe" -mprocessor=32MX795F512L -x c -c "commad.générateur.c" -o"commad.générateur.o" -MMD -MF"commad.générateur.d" -g
Executing: "C:\Program Files\Microchip\MPLAB C32 Suite\bin\pic32-gcc.exe" -mprocessor=32MX795F512L -x c -c "commande_Etalon.c" -o"commande_Etalon.o" -MMD -MF"commande_Etalon.d" -g
Executing: "C:\Program Files\Microchip\MPLAB C32 Suite\bin\pic32-gcc.exe" -mprocessor=32MX795F512L -x c -c "calibrationX16.c" -o"calibrationX16.o" -MMD -MF"calibrationX16.d" -g
Executing: "C:\Program Files\Microchip\MPLAB C32 Suite\bin\pic32-gcc.exe" -mprocessor=32MX795F512L -x c -c "Calcul.c" -o"Calcul.o" -MMD -MF"Calcul.d" -g
Executing: "C:\Program Files\Microchip\MPLAB C32 Suite\bin\pic32-gcc.exe" -mprocessor=32MX795F512L -x c -c "fcts_Metrologie.c" -o"fcts_Metrologie.o" -MMD -MF"fcts_Metrologie.d" -g
Executing: "C:\Program Files\Microchip\MPLAB C32 Suite\bin\pic32-gcc.exe" -mprocessor=32MX795F512L "command_Cpt.o" "explore.o" "LCDlib.o" "send_receive.o" "Extraire_ss_chaine.o"
"commad.générateur.o" "commande_Etalon.o" "calibrationX16.o" "Calcul.o" "fcts_Metrologie.o" -o"calibrationX16.elf" -Wl,-L"C:\Program Files\Microchip\MPLAB C32 Suite\lib" -L"C:\Program Files\Microch
Executing: "C:\Program Files\Microchip\MPLAB C32 Suite\bin\pic32-bin2hex.exe" "C:\Users\RIHAB\Desktop\Totorial\calibrationX16.elf"
Loaded C:\Users\RIHAB\Desktop\Totorial\calibrationX16.elf.
```

```
Release build of project 'C:\Users\RIHAB\Desktop\Totorial\calibrationX16.mcp' succeeded.
Language tool versions: pic32-as.exe v1.11(A), pic32-gcc.exe v1.11(A), pic32-ld.exe v1.11(A), pic32-ar.exe v1.11(A)
Thu Jun 23 19:41:49 2011
```

BUILD SUCCEEDED

Figure V.3 : Compilation du projet

V.2.4. Principale fonctions et simulation

Les fonctions principales de programme de calibration X16 sont :

❖ Fonctions de commandes pour le compteur

➢ void CLI(UART_MODULE id)

➢ void CALI(UART_MODULE id)

➢ void START(UART_MODULE id)

➢ void GC(UART_MODULE id, int gamme, char iTerations)

➢ void CALSET (UART_MODULE id, int Phase, int type, int gamme, struct_Calcul Calset)

➢ void CALGET(UART_MODULE id, int Phase, int type, int gamme, struct_Calcul Calget)

➢ void MESGET(UART_MODULE id, int Phase, int type, struct_Cumul Mesget)

➢ void MTRGET(UART_MODULE id, int Phase, int type)

➢ void STOP (UART_MODULE id, int action)

➢ void Coser(UART_MODULE id)

➢ void GETSERIAL(UART_MODULE id)

❖ Fonctions de transfert des données

Ces fonctions sont appelées dans chacune de fonctions citées ci-dessus

➢ void SendDataBuffer(UART_MODULE id, char *commande, UINT32 size) ;

Cette fonction permet d'envoyer une chaîne de caractères via l'UART du pic.

➤ `UINT32 GetDataBuffer(UART_MODULE id, char *buffer, UINT32 max_size)` :

Cette fonction permet de recevoir une chaîne de caractères.

❖ Fonctions d'affichage

➤ `void putsLCD( char *s)`

Cette fonction sert à afficher sur LCD des chaines de caractères qui ne dépassent pas 16 caractères.

❖ Fonctions de métrologie

➤ `void parametres_par_defaut(UART_MODULE id,struct_Reglage Reglage)` :
Cette fonction permet de faire un reset des registres de métrologie de compteur.

➤ `void Lancement_Mesure(UART_MODULE id, int gamme, int Iterations)`:
Cette fonction récupère les cumuls des énergies de compteur pour la gamme de courant sélectionnée pendent la durée Iterations

➤ `void Reglage_Gain(UART_MODULE id,UART_MODULE idE, int gamme)` :
Cette fonction permet le réglage de gain pour la gamme à affecter à la fonction.

➤ `void Reglage_Bruit(UART_MODULE id,UART_MODULE idE, int gamme)` :
Cette fonction permet le réglage d'offset pour la gamme à affecter à la fonction.

➤ `void Verification(UART_MODULE id,UART_MODULE idE, int gamme)` :

Cette fonction permet de vérifier la métrologie de compteur pour la gamme à affecter à la fonction.

❖ Fonctions de Calcul Métrologies

Ces fonctions sont appelées par les fonctions de réglage pour effectuer les calculs nécessaires :

➤ `void Calcul_Ku(struct_lectureE lecture_Etalon)` :

Elle permet de calculer le gain de courant en harmonique et en fondamental.

➢ void Calcul_Ki(struct_lectureE lecture_Etalon) :

Elle permet de calculer le gain de tension en harmonique et en fondamental :

➢ void Calcul_Ksin(struct_lectureE lecture_Etalon) :

Elle permet de calculer le ksin en harmonique et en fondamental. Cette fonction utilise trois fonctions trigonométriques : l'arctangent, le cosinus et le sinus. La simulation des ces trois fonction est effectuée par le simulateur MPLAB SIM qui est un simulateur intégré à MPLAB IDE. Il prend en charge le débogage des PIC et des dsPIC. Il utilise l'ordinateur pour simuler les instructions MCU et simule également de nombreuses fonctions des périphériques

Les instructions utilisées pour simuler ces trois fonctions sont :

```
lecture_Etalon.PEtalon= 6505.38;
lecture_Etalon.QEtalon= 6505.38;
Reglage.Fondamental.Cumul.PCpt= 7106.01;
Reglage.Fondamental.Cumul.QCpt = 7116;

PhiEtalon = atan2 (lecture_Etalon.QEtalon , lecture_Etalon.PEtalon);
//convertir radian en degré
PhiEtalon = (PhiEtalon * 180)/Pi;
sprintf(verif_PhiEtalon,"%f",PhiEtalon);
PhiCpt = atan2 (Reglage.Fondamental.Cumul.QCpt , Reglage.Fondamental.Cumul.PCpt);
//convertir radian en degré
PhiCpt = (PhiCpt * 180)/Pi;
sprintf(verif_PhiCpt,"%f",PhiCpt);
ErrPhiCpt = PhiCpt - PhiEtalon;
//convertir radian en degré
ErrPhiCpt =  (ErrPhiCpt * Pi)/ 180;
sprintf(verif_ErrPhiCpt,"%f",ErrPhiCpt);
K = cos(ErrPhiCpt);
sprintf(verif_K,"%f",K);
K1 = sin(ErrPhiCpt);
sprintf(verif_K1,"%f",K1);
```

Les résultats de chacune de ces trois fonctions sont en radian, donc une conversion radian/degré est nécessaire pour l'arctangent et une conversion degré/radian est aussi nécessaire pour le cosinus et le sinus.

Lors de la simulation, en cliquant sur View →Watch, on peut voir le contenu des variables. Le résultat de la simulation est donné par la figure suivante :

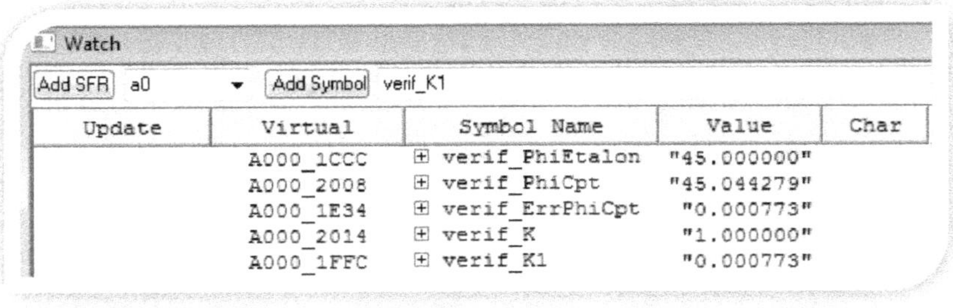

Figure V.4 : Simulation des fonctions trigonométriques

➤ void Calcul_KcosReg11(struct_lectureE lecture_Etalon)

➤ void Calcul_KsinReg11(struct_lectureE lecture_Etalon)

Ces deux fonctions permettent de calculer respectivement les dernières valeurs de kcos et de ksin qui vont être programmés dans l'eeprom.

➤ void Calcul_KCosNoise(struct_lectureE lecture_Etalon)

➤ void Calcul_KSinNoise(struct_lectureE lecture_Etalon)

Ces deux fonctions permettent de calculer le bruit pour la gamme de courant sélectionnée.

❖ Autres fonctions

➤ void extraire(char ligne[], char sep[]) ;

Cette fonction permet d'extraire des sous chaines à partir d'une chaine de caractère. La réponse de certaines commandes comme MESGET fournie des données qu'on va exploiter dans la phase de réglage mais en une seule chaine de caractère. Donc, il est nécessaire d'extraire chaque donnée. La réponse de la commande MESGET est la suivante, il est claire que les données sont séparées par le <CR> qui est le '\r'

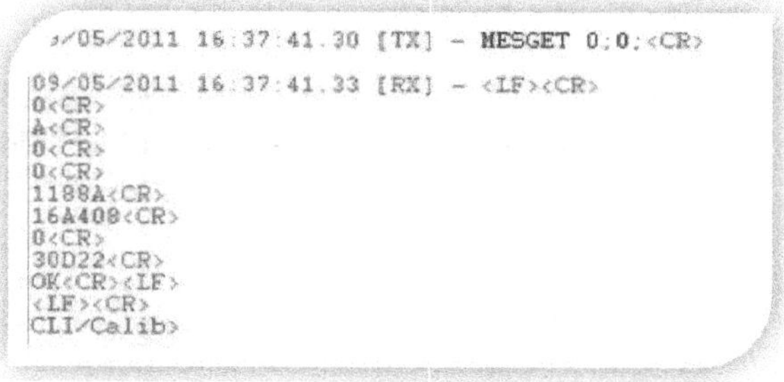

Figure V.5 : Réponse de la commande MESGET

Notre fonction qui permet d'extraire les données fournies par la réponse de MESGET est la suivante :

```
extraire("\n\r0\rA\r0\r0\r1188A\r16A408\r0\r30D22\rOK\r\n\n\rCLI/calib>", "\r");

strcpy(ss_chaine, token);
strcpy(ss_chaine1, token1);
strcpy(ss_chaine2, token2);
strcpy(ss_chaine3, token3);
strcpy(ss_chaine4, token4);
strcpy(ss_chaine5, token5);
strcpy(ss_chaine6, token6);
strcpy(ss_chaine7, token7);
strcpy(ss_chaine8, token8);
```

La simulation de cette fonction est aussi effectuée par le simulateur intégré MPLAB SIM :

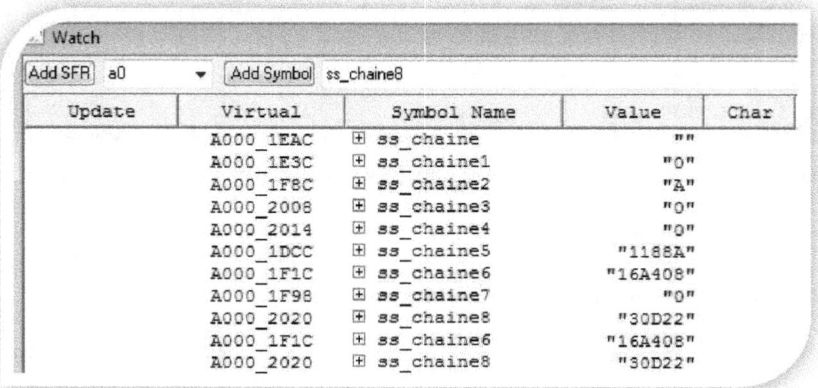

Figure V.6 : Simulation de la fonction extraire

➢ unsigned long ChangeHexaInt(unsigned char ucTab[9]) ;

Les données fournies par la commande MESGET sont en hexadécimal. Avant d'exploiter les données extraites dans le calcul, il faut effectuer un changement de l'hexadécimal en entier.

```
A=ChangeHexaInt("16A408");
sprintf(changementA,"%lu",A);
B=ChangeHexaInt("1188A");
sprintf(changementB,"%lu",B);
```

La simulation de cette fonction est donnée par la figure suivante :

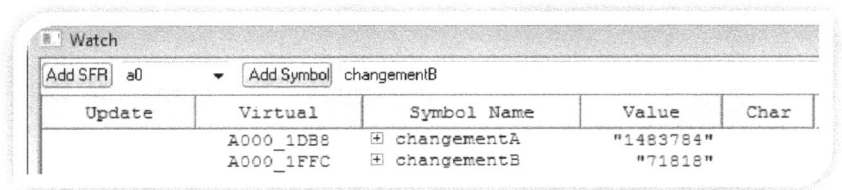

Update	Virtual	Symbol Name	Value	Char
	A000_1DB8	⊞ changementA	"1483784"	
	A000_1FFC	⊞ changementB	"71818"	

Figure V.7 : Simulation de la fonction de changement hexadécimal/ entier

➢ void lectureEtalon(UART_MODULE id) ;

Cette fonction permet de lire les valeurs de la tension, du courant et de la puissance active et réactive mesurées par l'étalon.

➢ void Envoi_consigne(UART_MODULE id, double courant,double dephasage)

Cette dernière permet d'envoyer au générateur les commandes nécessaires afin de programmer l'étalon et le compteur avec les différentes consignes de réglage.

V.3. Réalisation pratique

V.3.1. Carte de développement : Explorer 16

Actuellement, les cartes de développement et d'évaluation disponibles pour le PIC32MX795F512L sont :

➢ Kit de démarrage USB II PIC32 et Kit de démarrage Ethernet PIC32 (Voir Annexe D).

➢ Carte Explorer 16 : KIT MICROCONTROLEUR PIC24/DSPIC33 + Module enfichable PIC32MX795F512L.

On a choisi de travailler avec la carte de développement Explorer 16 car elle prend en charge une variété de fonctions, y compris notamment l'interface RS-232 et l'écran LCD.

Cette carte a été conçue pour le développement des applications à base des PICs 16 bits. Mais grâce à la compatibilité entre les diverses familles de microcontrôleurs sur laquelle Microchip s'est focalisé en priorité, les PIC32 sont compatibles avec les broches et les périphériques de PICs 16 bits.

La figure V.8 représente la carte Explorer 16 :

Figure V.8 : Carte de développement Explorer 16

Pour qu'on puisse utiliser cette carte pour le développement des PIC32, Microchip met à notre disposition des modules enfichables.

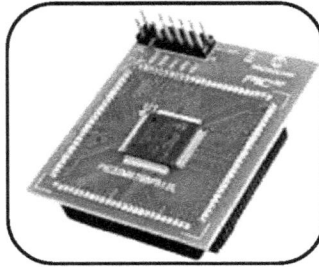

Figure V.9 : Module enfichable PIC32MX795F512L

La synoptique de la figure suivante montre les principaux périphérique de la carte Explorer 16 :

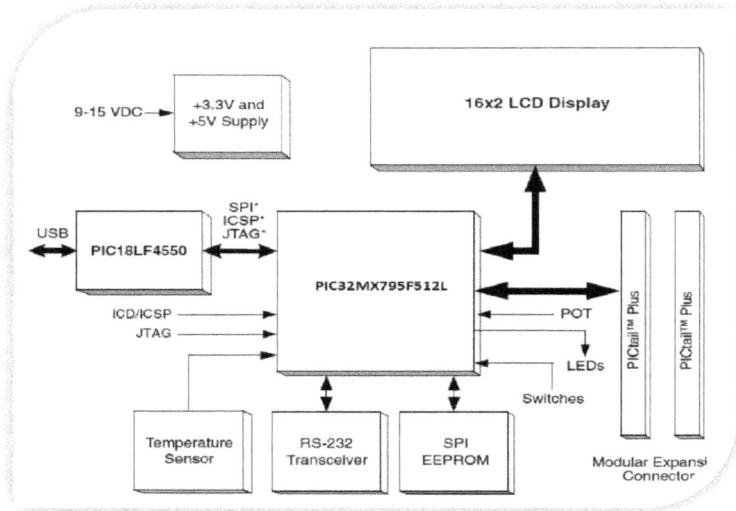

Figure V.10 : Synoptique de la carte Explorer 16

Les kits de démarrage bénéficient du fait qu'ils possèdent un débogueur et un programmateur intégré. Au contraire, la carte Explorer 16 nécessite un débogueur et programmateur. Pour cette raison on choisit d'utiliser le PICkit 3 qui permet de déboguer et de programmer des microcontrôleurs PIC et dsPIC à l'aide de la puissante interface utilisateur graphique de l'environnement de développement intégré MPLAB.

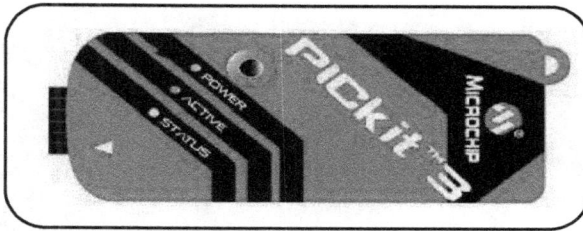

Figure V.11 : PICkit 3

Avant de commencer le développement, on a fait plusieurs essais : notamment on a connecté le compteur X16 avec l'ordinateur via la liaison RS232. Grâce à Docklight qui est un outil de test et de simulation pour des protocoles de communication série, on a établi la connexion entres les deux et on a envoyé au compteur toutes les commandes concernées par l'application. Au cours de cette connexion, on a espionné le port Com de l'ordinateur avec Aspycom afin d'analyser les trames transmises et reçues en ASCII et en hexadécimal (Voir Annexe B). On a fait la même opération mais cette fois entre le pic et l'ordinateur. En comparent les trames envoyées par notre application et les trames de référence, on a pu communiquer avec sucées avec le compteur.

On a simulé toutes les fonctions de commandes et de transfert avec la carte Explorer 16 et le débugger PICkit 3. Par exemple, l'envoie de la fonction CALI (UART2) permet d'entrée au menu calibration. L'affichage de la réponse du compteur sur l'ecran LCD nous permet de valider le fonctionnement de toutes les fonctions de commandes, de transfert et de l'affichage.

La figure suivante montre la simulation de la fonction CALI (UART2) qui fait appel aux deux fonctions de transfert des données ainsi que à la fonction d'affichage sur LCD. On a aussi testé le bon fonctionnement de toutes les autres fonctions de commandes.

Figure V.12: Simulation de la commande CALI

V.3.2. Carte d'interface RS232

L'application de la calibration nécessite trois ports série RS232 pour qu'on puisse communiquer avec le compteur, l'étalon et le générateur à la fois.

La carte Explorer 16 a également la possibilité d'étendre ses fonctionnalités à travers des interfaces d'extension. On a réalisé une carte d'interface RS232 qui va être connectée à cette carte grâce au connecteur PICTail™ Plus.

Les composants de la carte d'interface RS232 sont :

- Trois adaptateurs ADM3202 : sont des émetteurs-récepteurs, ils servent d'interface entre une sortie TTL /CMOS et une liaison série RS232 (+12, -12V). Ils sont des dispositifs de grande vitesse, possède 2 interfaces RS-232 qui fonctionnent à partir d'une seule alimentation 3,3 V **[9]**.

Le schéma électrique de l'adaptateur ADM3202 est le suivant :

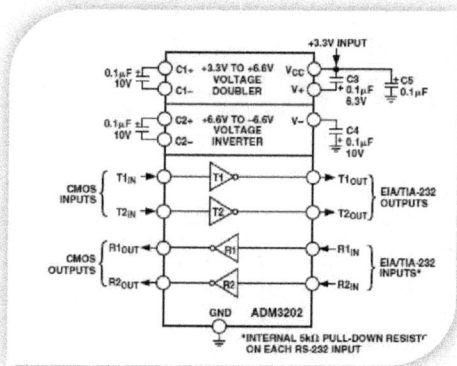

Figure V.13: AdaptateurADM3202

- Trois connecteur DB9 male.
- Connecteur 120 pins
- Condensateurs 100 nF
- Résistances 100 Ω et 10KΩ

La conception de la carte est effectuée par le logiciel Protel 99SE qui est un outil de CAO pour l'électronique sous Windows. Il permet la saisie de schémas, leur vérification électrique ainsi que leur simulation. Il permet aussi de créer des circuits imprimés (PCB) à partir des schémas.

Le schéma de carte est le suivant :

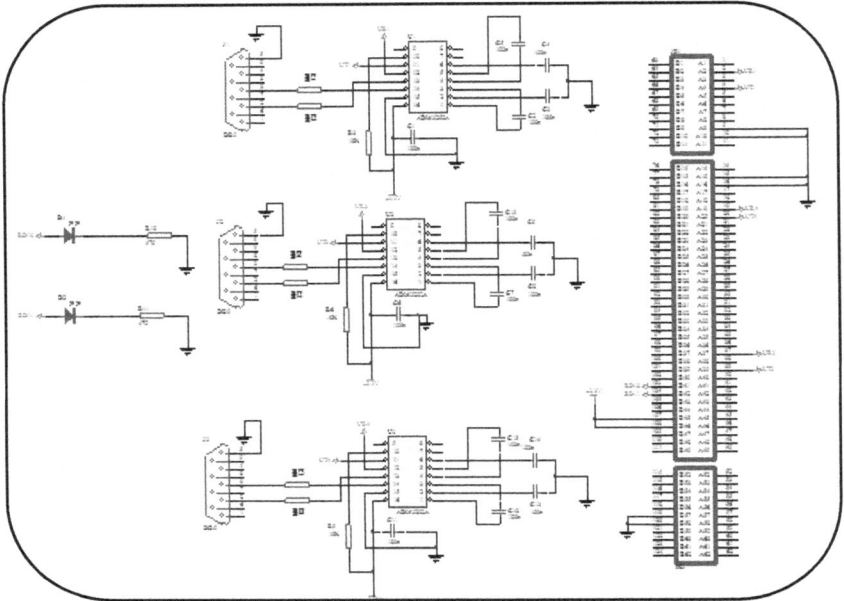

Figure V.14: Schéma de la carte d'interface RS232

Le schéma d'une seule interface RS232 est le suivant :

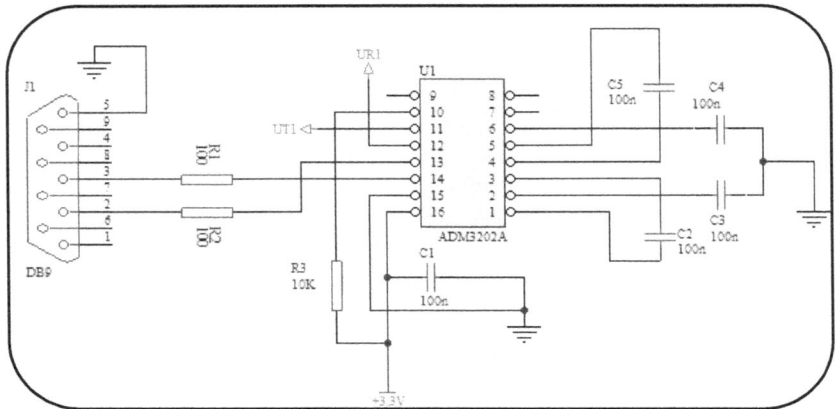

Figure V.15: schéma d'une seule interface RS232

La figure suivante représente la réalisation du PCB de la carte d'interface RS232 (les deux faces 'Buttom' et 'top') :

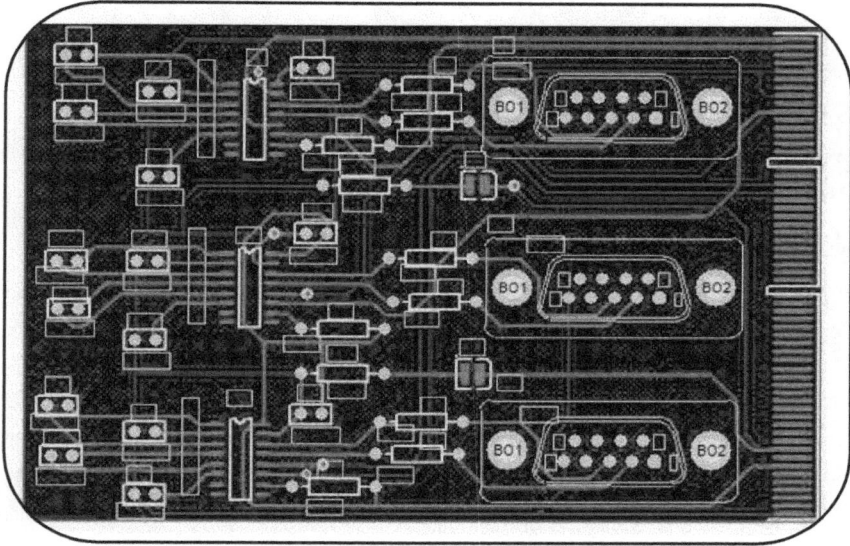

Figure V.16: PCB de la carte d'interface RS232

V.4. Conclusion

On a présenté les outils de développement de Microchip qu'on a exploité pour concevoir et développer notre application. On a présenté également la carte de développement Explore 16 ainsi que la carte d'interface RS232 qu'on a réalisée pour qu'on puisse communiquer avec tous les équipements de notre projet.

Conclusion générale et perspectives

Le présent projet de fin d'études réalisé au sein du SAGEMCOM a porté sur le développement d'un module de calibration embarqué pour un compteur électrique de type SAGEM X16.

Pour ce faire, on a commencé en premier lieu par analyser les conditions exigées dans notre cahier des charges. En second lieu, on a étudié le système actuel de la calibration des compteurs X16 dans lequel l'exécution du logiciel calibration se fait par un ordinateur. Ensuite, pour développer un module de calibration embarqué, on a choisi de remplacer l'ordinateur par une carte électrique à base d'un microcontrôleur. Pour ce faire, on a commencé par choisir le composant adéquat à notre application et ceci après avoir bien étudier la technologie de PIC32MX795F512L. Avant de commencer le développement, une modélisation logicielle de notre application semble nécessaire pour clarifier les différents étapes de processus calibration notamment le réglage de gain et de bruit ainsi que la vérification de la métrologie du compteur pour les deux gammes de courants. Ensuite, on a choisi de travailler avec l'environnement de développement MPLAB, et à l'aide de kit de développement Explorer 16 on a bien pu simuler toutes les fonctions de processus calibration. Enfin, on a réalisé une carte d'interface RS232 et on l'a insérée à la carte Explorer 16 pour qu'on puisse communiquer avec l'étalon le compteur et le générateur.

Nous tenons à signaler que ce travail a été pour nous très intéressant au niveau de nos recherches bibliographiques dans les domaines de l'informatique industrielle, de l'électronique, de l'électrotechnique et pas mal d'autres domaines. En outre, ce projet nous a permis d'élargir nos connaissances sur l'architecture interne de microcontrôleur et sur la programmation C embarqué, nous a permis aussi de maîtriser plusieurs outils de conception et de développement notamment Protel 99SE pour la conception de la carte interface et pour le routage, langage UML pour la conception de système calibration et l'environnement MPLAB pour le développement de l'application . Ainsi, il nous a permis d'enrichir nos connaissances et de développer notre base théorique.

Vu la quantité de travail élaborée, il nous a été difficile de développer un module de calibration embarqué pour un banc multipostions. Pour ce faire, plusieurs développements peuvent être envisagés, comme par exemple :

- Remplacer la communication série RS232 par la communication USB ou Ethernet car c'est les plus adoptés de nos jours.

- Faire connecter chaque compteur seulement avec son propre calculateur. Dans ce cas, le PIC32 va être connecté seulement avec le compteur afin d'effectuer le réglage métrologiques.

- Ajouter une autre carte aussi à base de PIC32 qui va être connectée avec l'étalon et le générateur, ceci permet de contrôler le générateur afin d'alimenter tous les compteurs et de diffuser les données issues de l'étalon à tous les compteurs soit avec la communication Ethernet soit en utilisant le bus CAN.

Bibliographies

[1] Lucio Di Jasio: Programming 32-bit Microcontrollers in C Exploring the PIC32

[2] http://radiospares-fr.rs-online.com/web/

[3] http://www.iai.heig-vd.ch/fr
ch/Enseignement/Supports/O_DSP(DSP)/ADMC401Polycop/Chapitre1 Introduction aux
DSP orientés applications industrielles.pdf

[4] http://www.math-info.univ-paris5.fr/~bouzy/Doc/UML-NotesCours.pdf

[5] http://electroniciens.dr14.cnrs.fr/IMG/pdf/_Formation_PIC_Demarrer_avec_les_outils_de
_developpement_de_Microchip.pdf

[6] http://sine.ni.com/nips/cds/view/p/lang/fr/nid/207739

[7]http://enrdd.com/Documents/Electricite/Etude_des_harmoniques/Harmonique_notion_char
ges.pdf

[8] www.technologuepro.com/transmission/chapitre2.htm

[9] www.datasheetcatalog.com

[10] www.abcelectronique.com

[11] www.microchip.com

[12] ww1.microchip.com/downloads/en/DeviceDoc/61156G.pdf

Liste des abréviations

ADC: Analog-to-Digital Converter.

ALU: Arithmetic Logic Unit.

ASIC: Application-Specific Integrated Circuit.

BGA: Ball Grid Array.

CAN: Controller Area Network.

CP0: System Control Coprocessor.

DMA: Direct Memory Access.

DMIPS: Dhrystone MIPS.

DSP: Digital Signal Processor.

EEPROM : Electrical Erasable Programmable Read Only Memory.

FMT: Fixed Mapping Translation.

FPGA: Field-Programmable Gate Array.

I2C : Inter Integrated Circuit.

LCD : Liquid Cristal Display.

MAC: Media Access Control.

MAC: Multiply and ACcumulate.

MDU: Multiply Divide Unit.

MII: Medium Indepedant Interface.

MIPS: Million Instructions per Second.

MMU: Memory Management Unit.

OFDM : Orthogonal Frequency Division Multiplexing.

OMG: Object Management Group.

OMT: Object Modeling Technique.

OOSE: Object Oriented Software Engineering.

PC : Personal Computer.

PCI : Peripheral Component Interconnect.

PHY: couche physique.

PMP: Parallel Master Port.

PMW : Pulse Wave Modulation.

RISC : Reduce Instruction Construction Set.

SARL : Société à reponsabilité limitée.

SHA: Sample and Hold Amplifier.

SPI : Serial Peripheral Inteface.

SRAM : Static Random Acces Memory.

TQFP: Thin Quad Flat Pack.

UART : Universel Asynchronous Receiver Transmitter.

UML: Unified Modeling Language.

Annexes

MICROCHIP   PIC32MX5XX/6XX/7XX

High-Performance, USB, CAN and Ethernet 32-bit Flash Microcontrollers

High-Performance 32-bit RISC CPU:

- MIPS32® M4K® 32-bit core with 5-stage pipeline
- 80 MHz maximum frequency
- 1.56 DMIPS/MHz (Dhrystone 2.1) performance at zero Wait state Flash access
- Single-cycle multiply and high-performance divide unit
- MIPS16e® mode for up to 40% smaller code size
- Two sets of 32 core register files (32-bit) to reduce interrupt latency
- Prefetch Cache module to speed execution from Flash

Microcontroller Features:

- Operating voltage range of 2.3V to 3.6V
- 64K to 512K Flash memory (plus an additional 12 KB of Boot Flash)
- 16K to 128K SRAM memory
- Pin-compatible with most PIC24/dsPIC® DSC devices
- Multiple power management modes
- Multiple interrupt vectors with individually programmable priority
- Fail-Safe Clock Monitor mode
- Configurable Watchdog Timer with on-chip Low-Power RC oscillator for reliable operation

Peripheral Features:

- Atomic SET, CLEAR and INVERT operation on select peripheral registers
- Up to 8-channels of hardware DMA with automatic data size detection
- USB 2.0-compliant full-speed device and On-The-Go (OTG) controller:
  - Dedicated DMA channels
- 10/100 Mbps Ethernet MAC with MII and RMII interface:
  - Dedicated DMA channels
- CAN module:
  - 2.0B Active with DeviceNet™ addressing support
  - Dedicated DMA channels
- 3 MHz to 25 MHz crystal oscillator

Peripheral Features (Continued):

- Internal 8 MHz and 32 kHz oscillators
- Six UART modules with:
  - RS-232, RS-485 and LIN support
  - IrDA® with on-chip hardware encoder and decoder
- Up to four SPI modules
- Up to five I²C™ modules
- Separate PLLs for CPU and USB clocks
- Parallel Master and Slave Port (PMP/PSP) with 8-bit and 16-bit data, and up to 16 address lines
- Hardware Real-Time Clock and Calendar (RTCC)
- Five 16-bit Timers/Counters (two 16-bit pairs combine to create two 32-bit timers)
- Five Capture inputs
- Five Compare/PWM outputs
- Five external interrupt pins
- High-speed I/O pins capable of toggling at up to 80 MHz
- High-current sink/source (18 mA/18 mA) on all I/O pins
- Configurable open-drain output on digital I/O pins

Debug Features:

- Two programming and debugging Interfaces:
  - 2-wire interface with unintrusive access and real-time data exchange with application
  - 4-wire MIPS® standard enhanced Joint Test Action Group (JTAG) interface
- Unintrusive hardware-based instruction trace
- IEEE Standard 1149.2 compatible (JTAG) boundary scan

Analog Features:

- Up to 16-channel, 10-bit Analog-to-Digital Converter:
  - 1 Msps conversion rate
  - Conversion available during Sleep and Idle
- Two Analog Comparators

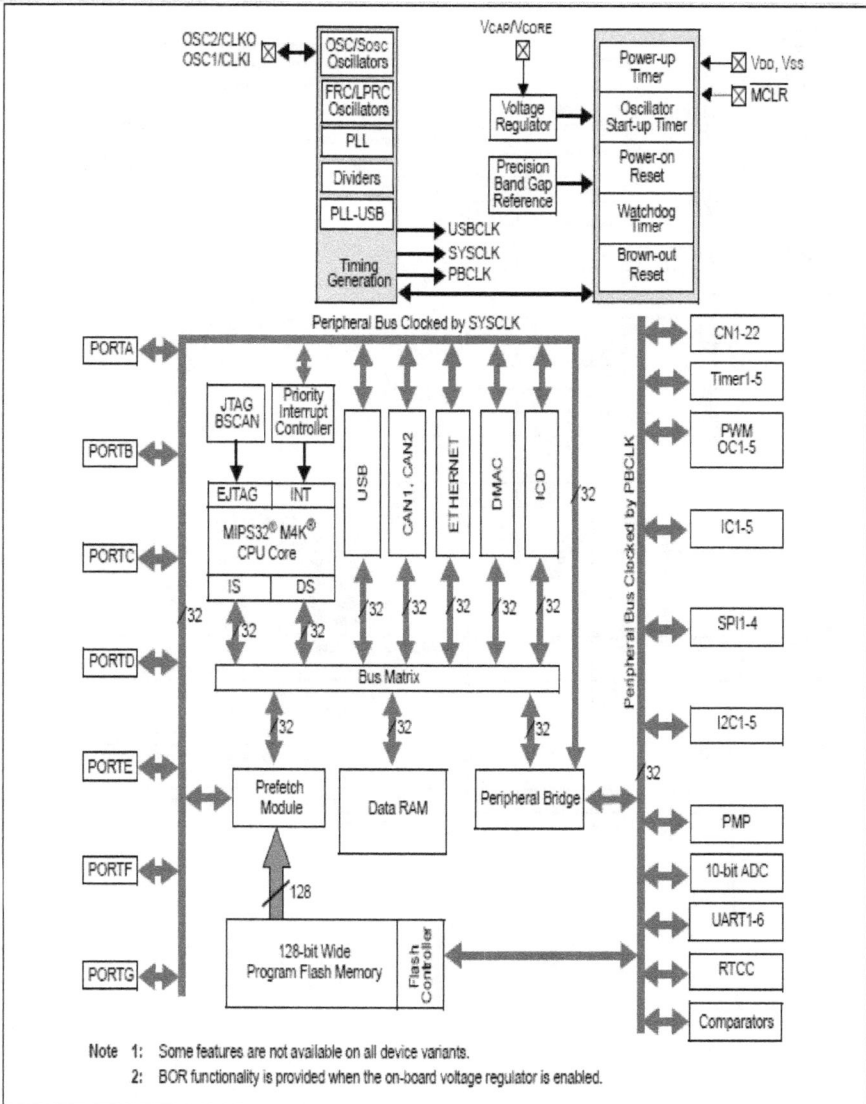

Note 1: Some features are not available on all device variants.
2: BOR functionality is provided when the on-board voltage regulator is enabled.

TABLE 1-1:   PINOUT I/O DESCRIPTIONS

| Pin Name | Pin Number[1] | | | Pin Type | Buffer Type | Description |
	64-Pin QFN/TQFP	100-Pin TQFP	121-Pin XBGA			
AN0	16	25	K2	I	Analog	Analog input channels.
AN1	15	24	K1	I	Analog	
AN2	14	23	J2	I	Analog	
AN3	13	22	J1	I	Analog	
AN4	12	21	H2	I	Analog	
AN5	11	20	H1	I	Analog	
AN6	17	26	L1	I	Analog	
AN7	18	27	J3	I	Analog	
AN8	21	32	K4	I	Analog	
AN9	22	33	L4	I	Analog	
AN10	23	34	L5	I	Analog	
AN11	24	35	J5	I	Analog	
AN12	27	41	J7	I	Analog	
AN13	28	42	L7	I	Analog	
AN14	29	43	K7	I	Analog	
AN15	30	44	L8	I	Analog	
CLKI	39	63	F9	I	ST/CMOS	External clock source input. Always associated with OSC1 pin function.
CLKO	40	64	F11	O	—	Oscillator crystal output. Connects to crystal or resonator in Crystal Oscillator mode. Optionally functions as CLKO in RC and EC modes. Always associated with OSC2 pin function.
OSC1	39	63	F9	I	ST/CMOS	Oscillator crystal input. ST buffer when configured in RC mode; CMOS otherwise.
OSC2	40	64	F11	I/O	—	Oscillator crystal output. Connects to crystal or resonator in Crystal Oscillator mode. Optionally functions as CLKO in RC and EC modes.
SOSCI	47	73	C10	I	ST/CMOS	32.768 kHz low-power oscillator crystal input; CMOS otherwise.
SOSCO	48	74	B11	O	—	32.768 kHz low-power oscillator crystal output.

Legend: CMOS = CMOS compatible input or output   Analog = Analog input   P = Power
          ST = Schmitt Trigger input with CMOS levels   O = Output   I = Input
          TTL = TTL input buffer

TABLE 1-1: PINOUT I/O DESCRIPTIONS (CONTINUED)

Pin Name	Pin Number[1]			Pin Type	Buffer Type	Description
	64-Pin QFN/TQFP	100-Pin TQFP	121-Pin XBGA			
CN0	48	74	B11	I	ST	Change notification inputs.
CN1	47	73	C10	I	ST	Can be software programmed for internal weak
CN2	16	25	K2	I	ST	pull-ups on all inputs.
CN3	15	24	K1	I	ST	
CN4	14	23	J2	I	ST	
CN5	13	22	J1	I	ST	
CN6	12	21	H2	I	ST	
CN7	11	20	H1	I	ST	
CN8	4	10	E3	I	ST	
CN9	5	11	F4	I	ST	
CN10	6	12	F2	I	ST	
CN11	8	14	F3	I	ST	
CN12	30	44	L8	I	ST	
CN13	52	81	C8	I	ST	
CN14	53	82	B8	I	ST	
CN15	54	83	D7	I	ST	
CN16	55	84	C7	I	ST	
CN17	31	49	L10	I	ST	
CN18	32	50	L11	I	ST	
CN19	—	80	D8	I	ST	
CN20	—	47	L9	I	ST	
CN21	—	48	K9	I	ST	
IC1	42	68	E9	I	ST	Capture Inputs 1-5
IC2	43	69	E10	I	ST	
IC3	44	70	D11	I	ST	
IC4	45	71	C11	I	ST	
IC5	52	79	A9	I	ST	
OCFA	17	26	L1	I	ST	Output Compare Fault A Input
OC1	46	72	D9	O	—	Output Compare Output 1
OC2	49	76	A11	O	—	Output Compare Output 2
OC3	50	77	A10	O	—	Output Compare Output 3
OC4	51	78	B9	O	—	Output Compare Output 4
OC5	52	81	C8	O	—	Output Compare Output 5
OCFB	30	44	L8	I	ST	Output Compare Fault B Input
INT0	46	72	D9	I	ST	External Interrupt 0
INT1	42	18	G1	I	ST	External Interrupt 1
INT2	43	19	G2	I	ST	External Interrupt 2
INT3	44	66	E11	I	ST	External Interrupt 3
INT4	45	67	E8	I	ST	External Interrupt 4

Legend: CMOS = CMOS compatible input or output   Analog = Analog input   P = Power
ST = Schmitt Trigger input with CMOS levels   O = Output   I = Input
TTL = TTL input buffer

TABLE 1-1: PINOUT I/O DESCRIPTIONS (CONTINUED)

Pin Name	Pin Number[1]			Pin Type	Buffer Type	Description
	64-Pin QFN/TQFP	100-Pin TQFP	121-Pin XBGA			
RA0	—	17	G3	I/O	ST	PORTA is a bidirectional I/O port
RA1	—	38	J6	I/O	ST	
RA2	—	58	H11	I/O	ST	
RA3	—	59	G10	I/O	ST	
RA4	—	60	G11	I/O	ST	
RA5	—	61	G9	I/O	ST	
RA6	—	91	C5	I/O	ST	
RA7	—	92	B5	I/O	ST	
RA9	—	28	L2	I/O	ST	
RA10	—	29	K3	I/O	ST	
RA14	—	66	E11	I/O	ST	
RA15	—	67	E8	I/O	ST	
RB0	16	25	K2	I/O	ST	PORTB is a bidirectional I/O port
RB1	15	24	K1	I/O	ST	
RB2	14	23	J2	I/O	ST	
RB3	13	22	J1	I/O	ST	
RB4	12	21	H2	I/O	ST	
RB5	11	20	H1	I/O	ST	
RB6	17	26	L1	I/O	ST	
RB7	18	27	J3	I/O	ST	
RB8	21	32	K4	I/O	ST	
RB9	22	33	L4	I/O	ST	
RB10	23	34	L5	I/O	ST	
RB11	24	35	J5	I/O	ST	
RB12	27	41	J7	I/O	ST	
RB13	28	42	L7	I/O	ST	
RB14	29	43	K7	I/O	ST	
RB15	30	44	L8	I/O	ST	
RC1	—	6	D1	I/O	ST	PORTC is a bidirectional I/O port
RC2	—	7	E4	I/O	ST	
RC3	—	8	E2	I/O	ST	
RC4	—	9	E1	I/O	ST	
RC12	39	63	F9	I/O	ST	
RC13	47	73	C10	I/O	ST	
RC14	48	74	B11	I/O	ST	
RC15	40	64	F11	I/O	ST	

Legend: CMOS = CMOS compatible input or output   Analog = Analog input   P = Power
        ST = Schmitt Trigger input with CMOS levels   O = Output   I = Input
        TTL = TTL input buffer

TABLE 1-1:   PINOUT I/O DESCRIPTIONS (CONTINUED)

Pin Name	Pin Number[1]			Pin Type	Buffer Type	Description
	64-Pin QFN/TQFP	100-Pin TQFP	121-Pin XBGA			
RD0	46	72	D9	I/O	ST	PORTD is a bidirectional I/O port
RD1	49	76	A11	I/O	ST	
RD2	50	77	A10	I/O	ST	
RD3	51	78	B9	I/O	ST	
RD4	52	81	C8	I/O	ST	
RD5	53	82	B8	I/O	ST	
RD6	54	83	D7	I/O	ST	
RD7	55	84	C7	I/O	ST	
RD8	42	68	E9	I/O	ST	
RD9	43	69	E10	I/O	ST	
RD10	44	70	D11	I/O	ST	
RD11	45	71	C11	I/O	ST	
RD12	—	79	A9	I/O	ST	
RD13	—	80	D8	I/O	ST	
RD14	—	47	L9	I/O	ST	
RD15	—	48	K9	I/O	ST	
RE0	60	93	A4	I/O	ST	PORTE is a bidirectional I/O port
RE1	61	94	B4	I/O	ST	
RE2	62	98	B3	I/O	ST	
RE3	63	99	A2	I/O	ST	
RE4	64	100	A1	I/O	ST	
RE5	1	3	D3	I/O	ST	
RE6	2	4	C1	I/O	ST	
RE7	3	5	D2	I/O	ST	
RE8	—	18	G1	I/O	ST	
RE9	—	19	G2	I/O	ST	
RF0	58	87	B6	I/O	ST	PORTF is a bidirectional I/O port
RF1	59	88	A6	I/O	ST	
RF2	—	52	K11	I/O	ST	
RF3	33	51	K10	I/O	ST	
RF4	31	49	L10	I/O	ST	
RF5	32	50	L11	I/O	ST	
RF8	—	53	J10	I/O	ST	
RF12	—	40	K6	I/O	ST	
RF13	—	39	L6	I/O	ST	

Legend: CMOS = CMOS compatible input or output   Analog = Analog input   P = Power
         ST = Schmitt Trigger input with CMOS levels   O = Output   I = Input
         TTL = TTL input buffer

TABLE 1-1:   PINOUT I/O DESCRIPTIONS (CONTINUED)

Pin Name	Pin Number[1]			Pin Type	Buffer Type	Description
	64-Pin QFN/TQFP	100-Pin TQFP	121-Pin XBGA			
RG0	—	90	A5	I/O	ST	PORTG is a bidirectional I/O port
RG1	—	89	E6	I/O	ST	
RG6	4	10	E3	I/O	ST	
RG7	5	11	F4	I/O	ST	
RG8	6	12	F2	I/O	ST	
RG9	8	14	F3	I/O	ST	
RG12	—	96	C3	I/O	ST	
RG13	—	97	A3	I/O	ST	
RG14	—	95	C4	I/O	ST	
RG15	—	1	B2	I/O	ST	
RG2	37	57	H10	I	ST	PORTG input pins
RG3	36	56	J11	I	ST	
T1CK	48	74	B11	I	ST	Timer1 external clock input
T2CK	—	6	D1	I	ST	Timer2 external clock input
T3CK	—	7	E4	I	ST	Timer3 external clock input
T4CK	—	8	E2	I	ST	Timer4 external clock input
T5CK	—	9	E1	I	ST	Timer5 external clock input
U1CTS	43	47	L9	I	ST	UART1 clear to send
U1RTS	49	48	K9	O	—	UART1 ready to send
U1RX	50	52	K11	I	ST	UART1 receive
U1TX	51	53	J10	O	—	UART1 transmit
U3CTS	8	14	F3	I	ST	UART3 clear to send
U3RTS	4	10	E3	O	—	UART3 ready to send
U3RX	5	11	F4	I	ST	UART3 receive
U3TX	6	12	F2	O	—	UART3 transmit
U2CTS	21	40	K6	I	ST	UART2 clear to send
U2RTS	29	39	L6	O	—	UART2 ready to send
U2RX	31	49	L10	I	ST	UART2 receive
U2TX	32	50	L11	O	—	UART2 transmit
U4RX	43	47	L9	I	ST	UART4 receive
U4TX	49	48	K9	O	—	UART4 transmit
U6RX	8	14	F3	I	ST	UART6 receive
U6TX	4	10	E3	O	—	UART6 transmit
U5RX	21	40	K6	I	ST	UART5 receive
U5TX	29	39	L6	O	—	UART5 transmit
SCK1	—	70	D11	I/O	ST	Synchronous serial clock input/output for SPI1
SDI1	—	9	E1	I	ST	SPI1 data in
SDO1	—	72	D9	O	—	SPI1 data out
SS1	—	69	E10	I/O	ST	SPI1 slave synchronization or frame pulse I/O

Legend: CMOS = CMOS compatible input or output   Analog = Analog input   P = Power
          ST = Schmitt Trigger input with CMOS levels   O = Output   I = Input
          TTL = TTL input buffer

TABLE 1-1: PINOUT I/O DESCRIPTIONS (CONTINUED)

Pin Name	Pin Number[1]			Pin Type	Buffer Type	Description
	64-Pin QFN/TQFP	100-Pin TQFP	121-Pin XBGA			
SCK3	49	48	K9	I/O	ST	Synchronous serial clock input/output for SPI3
SDI3	50	52	K11	I	ST	SPI3 data in
SDO3	51	53	J10	O	—	SPI3 data out
SS3	43	47	L9	I/O	ST	SPI3 slave synchronization or frame pulse I/O
SCK2	4	10	E3	I/O	ST	Synchronous serial clock input/output for SPI2
SDI2	5	11	F4	I	ST	SPI2 data in
SDO2	6	12	F2	O	—	SPI2 data out
SS2	8	14	F3	I/O	ST	SPI2 slave synchronization or frame pulse I/O
SCK4	29	39	L6	I/O	ST	Synchronous serial clock input/output for SPI4
SDI4	31	49	L10	I	ST	SPI4 data in
SDO4	32	50	L11	O	—	SPI4 data out
SS4	21	40	K6	I/O	ST	SPI4 slave synchronization or frame pulse I/O
SCL1	44	66	E11	I/O	ST	Synchronous serial clock input/output for I2C1
SDA1	43	67	E8	I/O	ST	Synchronous serial data input/output for I2C1
SCL3	51	53	J10	I/O	ST	Synchronous serial clock input/output for I2C3
SDA3	50	52	K11	I/O	ST	Synchronous serial data input/output for I2C3
SCL2	—	58	H11	I/O	ST	Synchronous serial clock input/output for I2C2
SDA2	—	59	G10	I/O	ST	Synchronous serial data input/output for I2C2
SCL4	6	12	F2	I/O	ST	Synchronous serial clock input/output for I2C4
SDA4	5	11	F4	I/O	ST	Synchronous serial data input/output for I2C4
SCL5	32	50	L11	I/O	ST	Synchronous serial clock input/output for I2C5
SDA5	31	49	L10	I/O	ST	Synchronous serial data input/output for I2C5
TMS	23	17	G3	I	ST	JTAG Test mode select pin
TCK	27	38	J6	I	ST	JTAG test clock input pin
TDI	28	60	G11	I	ST	JTAG test data input pin
TDO	24	61	G9	O	—	JTAG test data output pin
RTCC	42	68	E9	O	—	Real-Time Clock alarm output
CVREF-	15	28	L2	I	Analog	Comparator Voltage Reference (low)
CVREF+	16	29	K3	I	Analog	Comparator Voltage Reference (high)
CVREFOUT	23	34	L5	O	Analog	Comparator Voltage Reference output
C1IN-	12	21	H2	I	Analog	Comparator 1 negative input
C1IN+	11	20	H1	I	Analog	Comparator 1 positive input
C1OUT	21	32	K4	O	—	Comparator 1 output
C2IN-	14	23	J2	I	Analog	Comparator 2 negative input
C2IN+	13	22	J1	I	Analog	Comparator 2 positive input
C2OUT	22	33	L4	O	—	Comparator 2 output
PMA0	30	44	L8	I/O	TTL/ST	Parallel Master Port Address bit 0 input (Buffered Slave modes) and output (Master modes)
PMA1	29	43	K7	I/O	TTL/ST	Parallel Master Port Address bit 1 input (Buffered Slave modes) and output (Master modes)

Legend: CMOS = CMOS compatible input or output   Analog = Analog input   P = Power
ST = Schmitt Trigger input with CMOS levels   O = Output   I = Input
TTL = TTL input buffer

TABLE 1-1:   PINOUT I/O DESCRIPTIONS (CONTINUED)

Pin Name	Pin Number[1]			Pin Type	Buffer Type	Description
	64-Pin QFN/TQFP	100-Pin TQFP	121-Pin XBGA			
PMA2	8	14	F3	O	—	Parallel Master Port address (Demultiplexed Master modes)
PMA3	6	12	F2	O	—	
PMA4	5	11	F4	O	—	
PMA5	4	10	E3	O	—	
PMA6	16	29	K3	O	—	
PMA7	22	28	L2	O	—	
PMA8	32	50	L11	O	—	
PMA9	31	49	L10	O	—	
PMA10	28	42	L7	O	—	
PMA11	27	41	J7	O	—	
PMA12	24	35	J5	O	—	
PMA13	23	34	L5	O	—	
PMA14	45	71	C11	O	—	
PMA15	44	70	D11	O	—	
PMCS1	45	71	C11	O	—	Parallel Master Port Chip Select 1 strobe
PMCS2	44	70	D11	O	—	Parallel Master Port Chip Select 2 strobe
PMD0	60	93	A4	I/O	TTL/ST	Parallel Master Port data (Demultiplexed Master mode) or address/data (Multiplexed Master modes)
PMD1	61	94	B4	I/O	TTL/ST	
PMD2	62	98	B3	I/O	TTL/ST	
PMD3	63	99	A2	I/O	TTL/ST	
PMD4	64	100	A1	I/O	TTL/ST	
PMD5	1	3	D3	I/O	TTL/ST	
PMD6	2	4	C1	I/O	TTL/ST	
PMD7	3	5	D2	I/O	TTL/ST	
PMD8	—	90	A5	I/O	TTL/ST	
PMD9	—	89	E6	I/O	TTL/ST	
PMD10	—	88	A6	I/O	TTL/ST	
PMD11	—	87	B6	I/O	TTL/ST	
PMD12	—	79	A9	I/O	TTL/ST	
PMD13	—	80	D8	I/O	TTL/ST	
PMD14	—	83	D7	I/O	TTL/ST	
PMD15	—	84	C7	I/O	TTL/ST	
PMALL	30	44	L8	O	—	Parallel Master Port address latch enable low byte (Multiplexed Master modes)
PMALH	29	43	K7	O	—	Parallel Master Port address latch enable high byte (Multiplexed Master modes)
PMRD	53	82	B8	O	—	Parallel Master Port read strobe
PMWR	52	81	C8	O	—	Parallel Master Port write strobe
VBUS	34	54	H8	I	Analog	USB bus power monitor
VUSB	35	55	H9	P	—	USB internal transceiver supply
VBUSON	11	20	H1	O	—	USB Host and OTG bus power control output

Legend: CMOS = CMOS compatible input or output   Analog = Analog input   P = Power
           ST = Schmitt Trigger input with CMOS levels   O = Output   I = Input
           TTL = TTL input buffer

TABLE 1-1: PINOUT I/O DESCRIPTIONS (CONTINUED)

Pin Name	Pin Number[1]			Pin Type	Buffer Type	Description
	64-Pin QFN/TQFP	100-Pin TQFP	121-Pin XBGA			
D+	37	57	H10	I/O	Analog	USB D+
D-	36	56	J11	I/O	Analog	USB D-
USBID	33	51	K10	I	ST	USB OTG ID detect
C1RX	58	87	B6	I	ST	CAN1 bus receive pin
C1TX	59	88	A6	O	—	CAN1 bus transmit pin
AC1RX	32	40	K6	I	ST	Alternate CAN1 bus receive pin
AC1TX	31	39	L6	O	—	Alternate CAN1 bus transmit pin
C2RX	29	90	A5	I	ST	CAN2 bus receive pin
C2TX	21	89	E6	O	—	CAN2 bus transmit pin
AC2RX	—	8	E2	I	ST	Alternate CAN2 bus receive pin
AC2TX	—	7	E4	O	—	Alternate CAN2 bus transmit pin
ERXD0	61	41	J7	I	ST	Ethernet Receive Data 0[2]
ERXD1	60	42	L7	I	ST	Ethernet Receive Data 1[2]
ERXD2	59	43	K7	I	ST	Ethernet Receive Data 2[2]
ERXD3	58	44	L8	I	ST	Ethernet Receive Data 3[2]
ERXERR	64	35	J5	I	ST	Ethernet receive error input[2]
ERXDV	62	12	F2	I	ST	Ethernet receive data valid[2]
ECRSDV	62	12	F2	I	ST	Ethernet carrier sense data valid[2]
ERXCLK	63	14	F3	I	ST	Ethernet receive clock[2]
EREFCLK	63	14	F3	I	ST	Ethernet reference clock[2]
ETXD0	2	88	A6	O	—	Ethernet Transmit Data 0[2]
ETXD1	3	87	B6	O	—	Ethernet Transmit Data 1[2]
ETXD2	43	79	A9	O	—	Ethernet Transmit Data 2[2]
ETXD3	42	80	D8	O	—	Ethernet Transmit Data 3[2]
ETXERR	54	89	E6	O	—	Ethernet transmit error[2]
ETXEN	1	83	D7	O	—	Ethernet transmit enable[2]
ETXCLK	55	84	C7	I	ST	Ethernet transmit clock[2]
ECOL	44	10	E3	I	ST	Ethernet collision detect[2]
ECRS	45	11	F4	I	ST	Ethernet carrier sense[2]
EMDC	30	71	C11	O	—	Ethernet management data clock[2]
EMDIO	49	68	E9	I/O	—	Ethernet management data[2]
AERXD0	43	18	G1	I	ST	Alternate Ethernet Receive Data 0[2]
AERXD1	42	19	G2	I	ST	Alternate Ethernet Receive Data 1[2]
AERXD2	—	28	L2	I	ST	Alternate Ethernet Receive Data 2[2]
AERXD3	—	29	K3	I	ST	Alternate Ethernet Receive Data 3[2]
AERXERR	55	1	B2	I	ST	Alternate Ethernet receive error input[2]
AERXDV	—	12	F2	I	ST	Alternate Ethernet receive data valid[2]
AECRSDV	44	12	F2	I	ST	Alternate Ethernet carrier sense data valid[2]
AERXCLK	—	14	F3	I	ST	Alternate Ethernet receive clock[2]
AEREFCLK	45	14	F3	I	ST	Alternate Ethernet reference clock[2]
AETXD0	59	47	L9	O	—	Alternate Ethernet Transmit Data 0[2]

Legend: CMOS = CMOS compatible input or output   Analog = Analog input   P = Power
ST = Schmitt Trigger input with CMOS levels   O = Output   I = Input
TTL = TTL input buffer

TABLE 1-1: PINOUT I/O DESCRIPTIONS (CONTINUED)

Pin Name	Pin Number[1]			Pin Type	Buffer Type	Description
	64-Pin QFN/TQFP	100-Pin TQFP	121-Pin XBGA			
AETXD1	58	48	K9	O	—	Alternate Ethernet Transmit Data 1[2]
AETXD2	—	44	L8	O	—	Alternate Ethernet Transmit Data 2[2]
AETXD3	—	43	K7	O	—	Alternate Ethernet Transmit Data 3[2]
AETXERR	—	35	J5	O	—	Alternate Ethernet transmit error[2]
AETXEN	54	67	E8	O	—	Alternate Ethernet transmit enable[2]
AETXCLK	—	66	E11	I	ST	Alternate Ethernet transmit clock[2]
AECOL	—	42	L7	I	ST	Alternate Ethernet collision detect[2]
AECRS	—	41	J7	I	ST	Alternate Ethernet carrier sense[2]
AEMDC	30	71	C11	O	—	Alternate Ethernet Management Data clock[2]
AEMDIO	49	68	E9	I/O	—	Alternate Ethernet Management Data[2]
TRCLK	—	91	C5	O	—	Trace clock
TRD0	—	97	A3	O	—	Trace Data Bits 0-3
TRD1	—	96	C3	O	—	
TRD2	—	95	C4	O	—	
TRD3	—	92	B5	O	—	
PGED1	16	25	K2	I/O	ST	Data I/O pin for Programming/Debugging Communication Channel 1
PGEC1	15	24	K1	I	ST	Clock input pin for Programming/Debugging Communication Channel 1
PGED2	18	27	J3	I/O	ST	Data I/O pin for Programming/Debugging Communication Channel 2
PGEC2	17	26	L1	I	ST	Clock input pin for Programming/Debugging Communication Channel 2
MCLR	7	13	F1	I/P	ST	Master Clear (Reset) input. This pin is an active-low Reset to the device.
AVDD	19	30	J4	P	P	Positive supply for analog modules. This pin must be connected at all times.
AVSS	20	31	L3	P	P	Ground reference for analog modules.
VDD	10, 26, 38, 57	2, 16, 37, 46, 62, 86	A7, C2, C9, E5, K8, F8, G5, H4, H6	P	—	Positive supply for peripheral logic and I/O pins
VCAP/VCORE	56	85	B7	P	—	CPU logic filter capacitor connection
VSS	9, 25, 41	15, 36, 46, 65, 75	A8, B10, D4, D5, E7, F5, F10, G6, G7, H3	P	—	Ground reference for logic and I/O pins. This pin must be connected at all times.
VREF+	16	29	K3	I	Analog	Analog voltage reference (high) input
VREF-	15	28	L2	I	Analog	Analog voltage reference (low) input

Legend: CMOS = CMOS compatible input or output   Analog = Analog input   P = Power
ST = Schmitt Trigger input with CMOS levels   O = Output   I = Input
TTL = TTL input buffer

ANALOG DEVICES

Low Power, +3.3 V, RS-232 Line Drivers/Receivers

ADM3202/ADM3222/ADM1385

FEATURES
460 kbps Data Rate
Specified at +3.3 V
Meets EIA-232E Specifications
0.1 μF Charge Pump Capacitors
Low Power Shutdown (ADM3222E and ADM1385)
DIP, SO, SOIC, SSOP and TSSOP Package Options
Upgrade for MAX3222/32 and LTC1385

APPLICATIONS
General Purpose RS-232 Data Link
Portable Instruments
Printers
Palmtop Computers
PDAs

FUNCTIONAL BLOCK DIAGRAMS

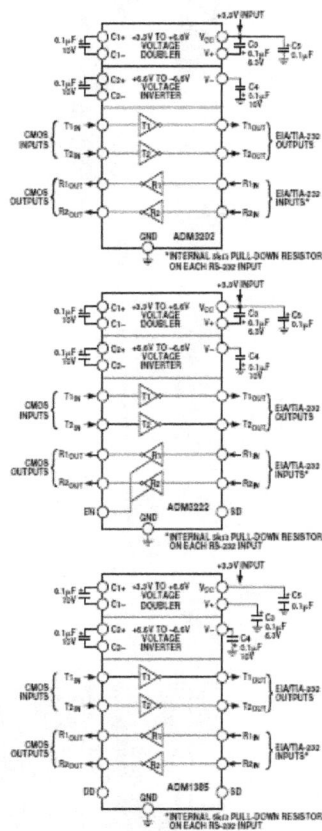

GENERAL DESCRIPTION

The ADM3202/ADM3222/ADM1385 transceivers are high speed, 2-channel RS-232/V.28 interface devices which operate from a single +3.3 V power supply.

Low power consumption and a shutdown facility (ADM3222/ADM1385) makes them ideal for battery powered portable instruments.

The ADM3202/ADM3222/ADM1385 conforms to the EIA-232E and CCITT V.28 specifications and operates at data rates up to 460 kbps.

Four external 0.1 μF charge pump capacitors are used for the voltage doubler/inverter permitting operation from a single +3.3 V supply.

The ADM3222 contains additional enable and shutdown circuitry. The EN input may be used to three-state the receiver outputs. The SD input is used to power down the charge pump and transmitter outputs reducing the quiescent current to less than 0.5 μA. The receivers remain enabled during shutdown unless disabled using EN.

The ADM1385 contains a driver disable mode and a complete shutdown mode.

The ADM3202 is available in a 16-lead DIP, narrow and wide SOIC as well as a space saving 20-lead TSSOP package. The ADM3222 is available in 18-lead DIP, SO and in 20-lead SSOP and TSSOP. The ADM1385 is available in a 20-lead SSOP package, which is pin compatible with the LTC1385 CG.

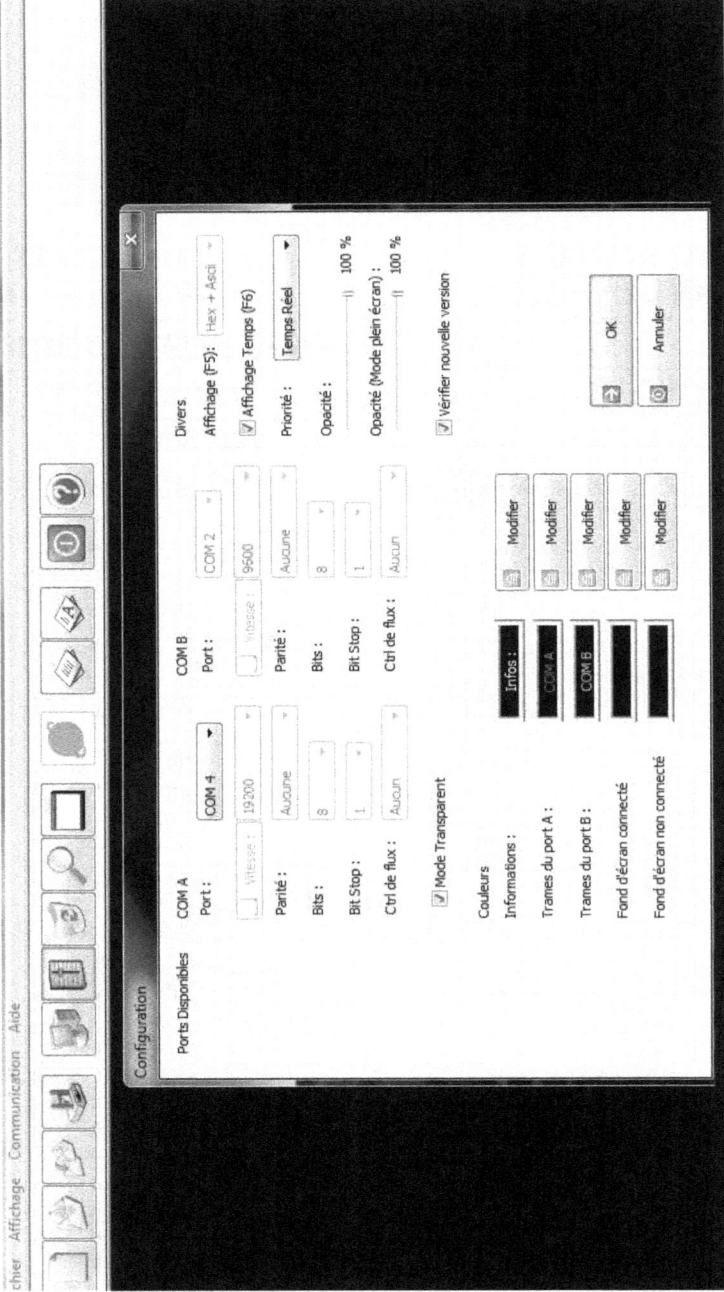

chier Affichage Communication Aide

Configuration

Ports Disponibles

	COM A		COM B	
Port :	COM 4		Port :	COM 2
	Vitesse : 19200			Vitesse : 9600
Parité :	Aucune		Parité :	Aucune
Bits :	8		Bits :	8
Bit Stop :	1		Bit Stop :	1
Ctrl de flux :	Aucun		Ctrl de flux :	Aucun

☑ Mode Transparent

Couleurs

Informations :	Modifier
Trames du port A :	Modifier
Trames du port B :	Modifier
Fond d'écran connecté	Modifier
Fond d'écran non connecté	Modifier

Infos :

COM A

COM B

Divers

Affichage (F5): Hex + Ascii

☑ Affichage Temps (F6)

Priorité : Temps Réel

Opacité : 100 %

Opacité (Mode plein écran) : 100 %

☑ Vérifier nouvelle version

OK

Annuler

```
* Ouverture du Port par une application externe
* Modification de la vitesse :19200 Bauds
* Modification de la configuration : 8 bits( 1 bit(s) de Stop  Parité No
* Ecriture  Temps: 4232 ms
0D
* Lecture  Temps: 4310 ms
0A 0D 0A 0D 43 4C 49 3E 20                                       <CLI>
* Fermeture du Port par une application externe

* Ouverture du Port par une application externe
* Modification de la vitesse :19200 Bauds
* Modification de la configuration : 8 bits( 1 bit(s) de Stop  Parité No
                                                            CALI
* Ecriture  Temps: 52748 ms
43 41 4C 49 0D
* Lecture  Temps: 52950 ms
0A 0D 0A 0D 43 4C 49 2F 43 61 6C 69 62 3E 20            <CLI/Calib>
* Fermeture du Port par une application externe

* Ouverture du Port par une application externe
* Modification de la vitesse :19200 Bauds
* Modification de la configuration : 8 bits( 1 bit(s) de Stop  Parité No
                                                            START
* Ecriture  Temps: 77660 ms
53 54 41 52 54 0D
* Lecture  Temps: 77684 ms
0A                                                    OK  <CLI/Calib>
* Lecture  Temps: 77781 ms
0D 4F 4B 0D 0A 0A 0D 43 4C 49 2F 43 61 6C 69 62 3E 20
* Fermeture du Port par une application externe

* Arret du Mode Transparent sur le port COM 4
```

```
* Ecriture  Temps : 62 ms                                                                    GO 1.A.
47 4F 20 31 3B 41 3B 0D
* Lecture  Temps : 74 ms
0A

* Lecture  Temps : 252 ms                                                                    OK    CII/Calib>
0D 4F 4B 0D 0A 0A 0D 43 4C 49 2F 43 61 6C 69 62 3E 20

* Fermeture du Port par une application externe

* Ouverture du Port par une application externe
* Modification de la vitesse  19200 Bauds
* Modification de la configuration   8 bits, 1 bit(s) de Stop  Parité  No

* Lecture  Temps : 141058 ms                                                                 CALSET 0:0:0.9EA 0:0:0:0:0:0:0
43 41 4C 53 45 54 20 30 3B 30 3B 30 3B 39 45 41 3B 30 3B 30 3B 30 3B 30 3B 30    :0:0:0:0::
3B 30 3B 30 3B 30 3B 0D

* Lecture  Temps : 141321 ms                                                                 OK   CII/Calib>
0A 0D 4F 4B 0D 0A 0A 0D 43 4C 49 2F 43 61 6C 69 62 3E 20

* Fermeture du Port par une application externe

* Ouverture du Port par une application externe
* Modification de la vitesse  19200 Bauds
* Modification de la configuration   8 bits, 1 bit(s) de Stop  Parité  No

* Ecriture  Temps : 182183 ms                                                                MESGET 0:0:.
4D 45 53 47 45 54 20 30 3B 30 3B 0D

* Lecture  Temps : 182493 ms                                                                 0.A.1.FFFF2F73.EA3.272058.B
0A 0D 30 0D 41 0D 31 0D 46 46 46 46 32 46 37 33 0D 45 34 41 33 0D 32 37 32 38 35 38 0D 42    55.30D0E OK   CII/Calib>
35 35 0D 33 30 44 30 45 0D 4F 4B 0D 0A 0A 0D 43 4C 49 2F 43 61 6C 69 62 3E 20

* Fermeture du Port par une application externe

* Ouverture du Port par une application externe
* Modification de la vitesse  19200 Bauds
* Modification de la configuration   8 bits, 1 bit(s) de Stop  Parité  No

* Ecriture  Temps : 237554 ms                                                                MTRGET 0:0:.
4D 54 52 47 45 54 20 30 3B 30 3B 0D

* Lecture  Temps : 237853 ms                                                                 0 mV  7057 mVar 116470 mV 0  m
41 0D 30 20 6D 57 0D 37 30 35 37 20 6D 56 61 72 0D 31 34 36 34 37 30 20 6D 56 0D 30 20 6D    A 0  mHz OK   CII/Calib>
0A 0D 30 20 6D 48 7A 0D 4F 4B 0D 0A 0A 0D 43 4C 49 2F 43 61 6C 69 62 3E 20
```

Langage UML :

L'UML comprend treize types de diagrammes qui se répartissent en deux grands groupes :

> ### *Diagrammes structurels ou diagrammes statiques*

Diagrammes de cas d'utilisation: Use case diagram

Diagrammes d'objets: Object diagram

Diagrammes de classes: Class diagram

Diagrammes de composants: Component diagram

Diagrammes de déploiement: Deployment diagram

Diagramme de paquetages: Package diagram

Diagramme de structures composites: Composite structure diagram

Diagrammes d'interaction: Interaction diagram

> ### Diagrammes comportementaux ou Dynamiques:

Diagrammes de séquence : Sequence diagram

Diagrammes d'états-transitions : State machine diagram

Diagrammes d'activités : Activity diagram

Diagramme de communication(ou dit collaboration): Communication diagram.

Diagramme global d'interaction: Interaction overview diagram

Diagramme de temps: Timing diagram

> **Le kit de démarrage II USB PIC32 :**

Le kit de démarrage II USB PIC32 constitue la méthode la plus facile et la plus économique pour découvrir la famille USB On-The-Go des microcontrôleurs PIC32. Les utilisateurs peuvent développer des applications à hôte USB incorporé, de circuit, à rôle double ou On-The-Go en associant cette carte au logiciel USB gratuit de Microchip.

Kit de démarrage II USB PIC32

> **Le kit de démarrage PIC32 Ethernet :**

Le kit de démarrage PIC32 Ethernet fournit la méthode la plus facile et la plus économique pour faire l'expérience du développement Ethernet 10/100 avec PIC32.

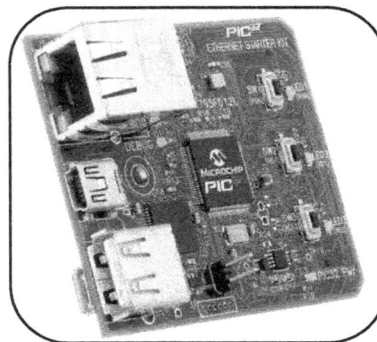

Kit de démarrage PIC32 Ethernet

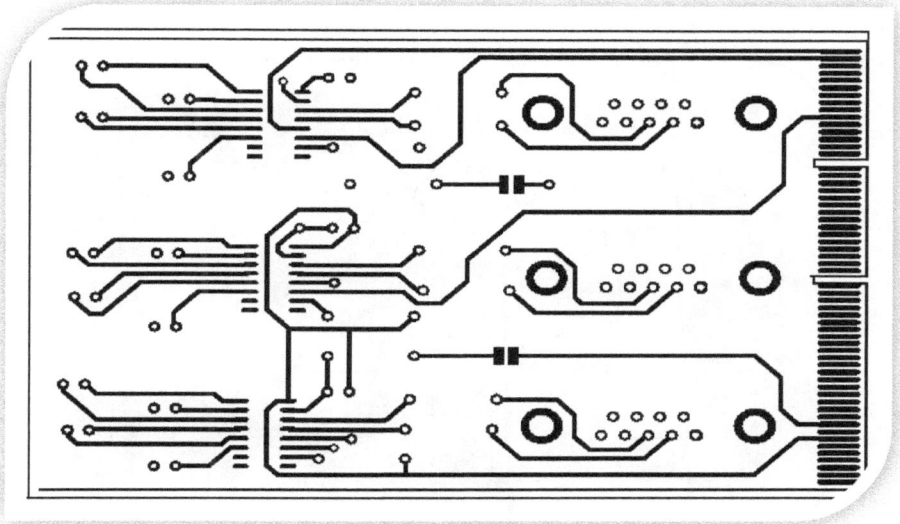

Face Top

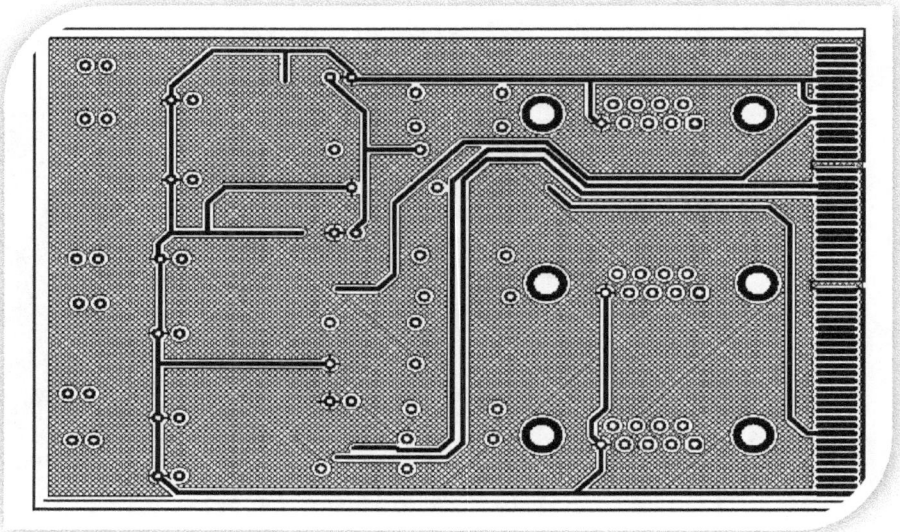

Face Buttom

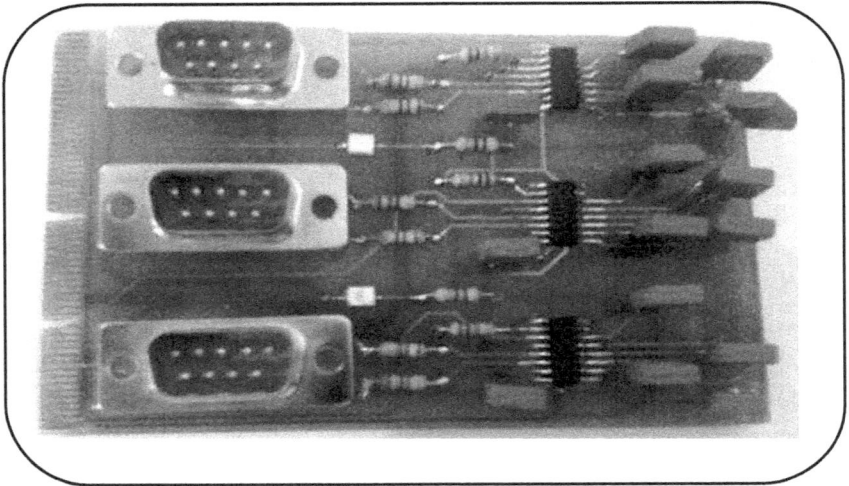

Carte d'interface RS232 (face 1)

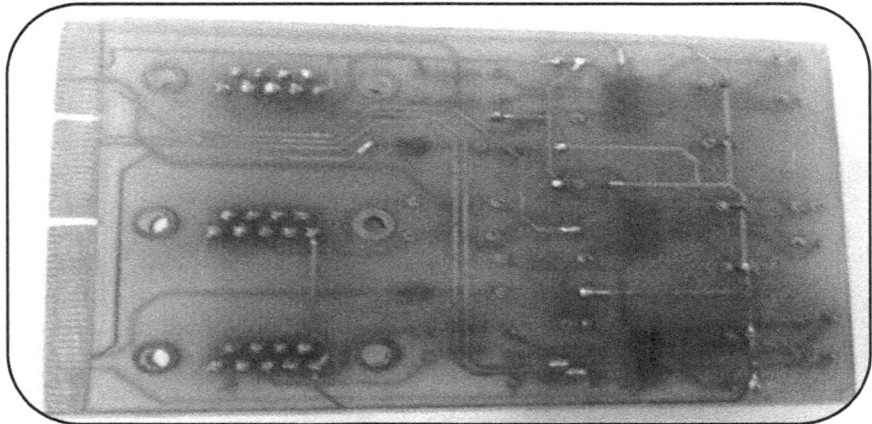

Carte d'interface RS232 (face 2)

Carte d'interface RS232 avec l'Explorer 16

Connexion de PICkit 3 et la carte Explorer 16

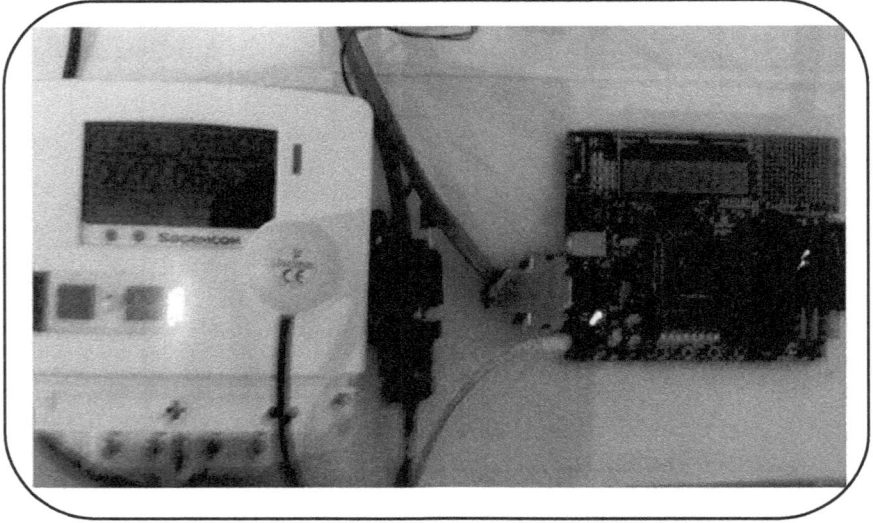

Connexion de compteur et la carte Explorer 16

www.ingramcontent.com/pod-product-compliance
Lightning Source LLC
Chambersburg PA
CBHW021113210326
41598CB00017B/1428